Letizia Girolami

O papel da fêmea na comunicação sócio-sexual dos primatas

Letizia Girolami

O papel da fêmea na comunicação sócio-sexual dos primatas

Um estudo do macaco cervídeo (Cercopithecus aethiops pygerythrus) e do babuíno Chacma (Papio ursinus)

ScienciaScripts

Cover image: www.ingimage.com

This book is a translation from the original published under ISBN 978-3-659-85740-9.

Publisher:
Sciencia Scripts
is a trademark of
Dodo Books Indian Ocean Ltd. and OmniScriptum S.R.L publishing group

120 High Road, East Finchley, London, N2 9ED, United Kingdom
Str. Armeneasca 28/1, office 1, Chisinau MD-2012, Republic of Moldova, Europe
Printed at: see last page
ISBN: 978-620-8-29941-5

ÍNDICE DE CONTEÚDOS

CAPÍTULO 1

INTRODUÇÃO GERAL

1.1. O CICLO OVÁRICO DOS PRIMATAS

Antes de discutir o papel da fêmea na comunicação sexual dos primatas, é necessário compreender os mecanismos hormonais que ajudam a fêmea a tornar-se um ser reprodutor de sucesso. O presente trabalho centrar-se-á, no entanto, apenas nas fêmeas reprodutivamente maduras e no mecanismo hormonal subjacente ao ciclo ovárico.

O ciclo ovárico dos primatas tem três fases. A primeira, a fase folicular ou proliferativa, geralmente de duração variável, é caracterizada pelo desenvolvimento do folículo em maturação. A segunda fase, que é muito breve, é o evento ovulatório. Inicia-se com o pico da hormona luteinizante (LH) a meio do ciclo, a que se segue a rutura folicular e a extrusão de um oócito maduro. A terceira fase, denominada lútea ou secretora, consiste na formação e no tempo de vida do corpo lúteo e, em relação à fase folicular e dentro da ordem, tem uma duração bastante constante (Hodges, 1987). A duração total do ciclo nos primatas é típica da espécie e varia de muito curto, 9 a 16 dias para alguns macacos do Novo Mundo, passando por um ciclo de duração média de 28 dias para a maioria dos macacos do Velho Mundo, até ciclos mais longos, que excedem os 30 dias, caraterísticos dos prossímios e das espécies dos Anthropoidea que apresentam inchaços perineais (Hodges, 1987; Hrdy e Whitten, 1987).Apesar das diferenças entre as espécies nos níveis hormonais absolutos e na duração de cada fase do ciclo, um traço comum é o aumento dos estrogénios durante a fase folicular, um aumento pré-ovulatório dos estrogénios e das gonadotrofinas (LH e hormona folículo-estimulante, FSH) e o aumento da progesterona durante a fase lútea (Hodges, 1987). Em alguns primatas, verificou-se que os aumentos dos estrogénios são acompanhados por aumentos da testosterona ovárica (Dixson, 1983a).

1.2. COMPORTAMENTO COPULATÓRIO FEMININO

1.2.1. Comportamento copulatório das fêmeas em toda a ordem

Nas fêmeas primatas, a cópula é geralmente precedida ou acompanhada por uma variedade de comportamentos que, embora sejam típicos da espécie no tipo de exibição ou na frequência de utilização (Zumpe e Michael, 1983; Bernstein e Gordon, 1979), têm caraterísticas semelhantes.

Comportamentos que servem para manter o contacto com o macho, como aproximar-se, seguir, sentar-se ou ficar ao lado do macho, foram observados em várias espécies das duas subordens: entre os prossímios, o lémure-de-cabeça-vermelha, Lemur variegatus (Shideler et al., 1983), o macaco-de-cauda-grossa, Galago crassicaudatus (Girolami e Bielert, não publicado), o macaco-de-cabeça-pequena, G. senegalensis (Girolami et al, não publicado); entre os macacos do Novo Mundo, o bugio (Jones, 1985); entre os macacos do Velho Mundo, o macaco patas, Erythrocebus patas (Rowell e Hartwell, 1978), o macaco de cauda longa, Macaca fascicularis (Emory et al., 1980), o macaco de cauda de leão, M. silenus (Lindburg et al, 1985), o macaco rhesus, M. mulatta (Carpenter, 1942; Loy, 1971; Cochran, 1979; Lindburg, 1983), e o macaco japonês, M. fuscata (Enomoto et al, 1979; Wolfe, 1984); e, entre os macacos, o gorila (Hess, 1973; Nadler et al., 1983; Mitchell et al., 1985), o chimpanzé (Young e Orbison, 1944) e o orangotango (Nadler, 1977). O olhar fixo no macho ou a procura de contacto visual é também muito difundido. Observa-se no macaco de cauda caída, M. arctoides (Linnankoski et al., 1981; Linnankoski e

Leinonen, 1985); no macaco das Celebes, M. nigra (Dixson, 1977); no saguim comum, Callithrix jacchus (Dixson, 1986); no gorila (Hess, 1973); no chimpanzé (Wallis, 1982); e no babuíno (Bielert, 1986, que inclui uma revisão exaustiva da distribuição do contacto ocular na ordem).

Igualmente difundidos são os comportamentos femininos que envolvem o contacto físico com o macho. Entre estes contam-se o tocar ou acariciar os seus órgãos genitais, como no macaco de cauda longa (Emory e Payne, 1980), no macaco vervet, Cercopithecus aethiops (Rowell, 1971), e no chimpanzé e gorila (Wallis, 1982; Hess, 1973), ou o agarrar ou o puxar do macho, como na reação de agarrar dos macacos rhesus, de cauda caída e japoneses (Carpenter, 1942; Loy, 1971; Lindberg, 1983; Linnankoski et al., 1981; Enomoto et al., 1979; Wolfe, 1984), o macaco-aranha-lanudo, Brachyteles arachnoides (Milton, 1985), e o gorila (Hess, 1973), ou, eventualmente, a montagem do macho e/ou a fricção dos órgãos genitais da fêmea sobre ele, como ocorre no macaco japonês (Hanby et al., 1971; Wolfe, 1984), no orangotango (Nadler, 1977) e no gorila (Nadler, 1975).

Outros comportamentos consistem na exibição do corpo, ou de parte dele, e podem envolver uma reiteração ou um estereótipo do movimento. A esta categoria pertencem a exibição em desfile, como no macaco de Celebes (Dixson, 1977), a sequência aproximação-retirada, observada no macaco de cauda comprida (Emory e Payne, 1980), no macaco samango, Cercopithecus albogularis (Girolami, inédito), e no gorila (Hess, 1973), o salto de pernas rígidas do macaco de cauda de leão (Lindberg et al., 1985), a micção rítmica do lóris esguio, Loris tardigradus malabaricus (Izard e Rasmussen, 1985), o rolar e o esfregar do lémure-de-cabeça-rufa (Shideler et al.,1983), o estremecimento da cabeça dos langures (Hrdy e Whitten, 1987), e o headbob, head-duck e hand-slap dos macacos rhesus, japoneses e de cauda de leão (Cochran, 1979; Enomoto et al., 1979; Lindburg et al., 1985). Entre os comportamentos femininos que exibem uma parte do corpo, encontra-se a exibição da zona genital, que pode assumir a forma de apresentação da alcatra ("presente"), muito comum entre os primatas, ou a forma de fricção rítmica dos órgãos genitais em frente do macho, como acontece com o macaco patas (Rowell e Hartwell, 1978), o orangotango (Nadler, 1977) e o gorila (Hess, 1973).

A apresentação pode ocorrer de várias formas: um agachamento baixo, como no macaco vervet (Gartlan, 1969), uma postura casual, como no macaco samango (Rowell, 1971), ou uma postura mais estereotipada, com orientação do períneo e ligeira flexão dos membros posteriores, como no babuíno (Bielert, 1986). As diferenças na postura podem ser típicas da espécie (para discussões sobre "apresentação" ver Rowell, 1972; Dixson, 1977), podem depender do contexto em que são efectuadas (Hausfater e Takacs, 1987) e, finalmente, podem depender de preferências individuais (Yerkes, 1939). A apresentação não foi observada em primatas noturnos, como alguns prossímios (ver Van Horn e Eaton, 1979, para uma revisão), nem no macaco-coruja, Aotus trivirgatus (Dixson, 1983b). No entanto, a apresentação da garupa está descrita para os prossímios diurnos, nomeadamente o lémure de cauda anelada, Lemur catta (Jolly, 1966; Evans e Goy, 1968) e o sifaka, Propithecus verrauxi (Richard, 1974).

Certos comportamentos podem também ser fonte de sinais acústicos para além dos sinais visuais óbvios. Estes incluem: o franzir dos lábios, como nos macacos azul e samango (Rowell, 1971; Girolami, inédito), e no gorila (Hess, 1973); o bater dos lábios, como no macaco de Celebes (Dixson, 1977), no rhesus (Carpenter, 1942) e no macaco japonês (Wolfe, 1984); o movimento da língua, como no saguim (Dixson, 1986) e no macaco uivador (Jones, 1985); o bater dos dentes no macaco de cauda caída (Linnankoski et al., 1981); e sopro das bochechas, como no macaco patas (Rowell e Hartwell, 1978).

As vocalizações pré-copulatórias parecem ocorrer nos macacos japoneses (Hanby et al., 1971; Enomoto et al., 1979) e nos macacos de cauda de leão (Lindberg et al., 1985), enquanto as vocalizações copulatórias são bem conhecidas no babuíno chacma, Papio ursinus (Saayman, 1970; Hamilton e Arrowood, 1978; Bielert, 1982) e no macaco de cauda longa (van Noordwijk, 1985).

Os comportamentos copulatórios das fêmeas são também analisados por Dixson (1983a) e por Hrdy e Whitten (1987).

1.2.2. Distribuição do comportamento copulatório feminino ao longo do ciclo e sua relação com as hormonas ováricas endógenas

Em várias espécies de primatas, a expressão dos comportamentos copulatórios femininos é influenciada pelas hormonas ováricas.

Foram frequentemente relatados aumentos periovulatórios nos comportamentos femininos e, quando os níveis de estrogénios endógenos foram medidos, verificou-se que os aumentos comportamentais estavam correlacionados com os níveis hormonais.

Nos prossímios, o comportamento das fêmeas parece estar sujeito a um controlo hormonal rigoroso. Este facto é visível através de uma mudança drástica da recusa para a aceitação do macho, observada em concomitância com o cio vaginal (ver Van Horn e Eaton, 1979, para uma revisão). No lémure-de-cauda-anelada (Evans e Goy, 1968; van Horn e Resko, 1977) e no bushbaby-de-cauda-grossa (Eaton et al., 1973), a aceitação do macho pela fêmea está relacionada com níveis elevados de estrogénios em circulação.

Entre os macacos do Novo Mundo, os movimentos de língua atingem o pico na altura da ovulação no saguim comum (Kendrick e Dixson, 1983) e no macaco uivador (Jones, 1985). No macaco rhesus, o aumento da aproximação e da proximidade do macho, durante a fase folicular do ciclo, foi elucidado por Pomerantz e Goy (1983) e por Czaja e Bielert (1973). Também se verificou que o tempo durante o qual a fêmea procura o contacto com o macho é mais curto durante o meio do ciclo (Bonsall et al., 1978). Verificou-se que a palmada na mão, a ameaça de afastamento, o balançar da cabeça, o pato com a cabeça e o alcance para trás aumentavam com o aumento dos níveis de hormonas foliculares (Ball e Hartman, 1935; Gordon, 1981; Wallen et al., 1984). Erikson (1967) descobriu também que a inclinação feminina para a estimulação vaginal aumentava por volta da ovulação. As solicitações das fêmeas atingem o seu pico durante a fase folicular tardia no macaco de cauda de leão (Lindburg et al., 1985) e, no macaco de cauda longa (Zumpe e Michael, 1983) e no macaco japonês (Enomoto et al., 1979; Wolfe, 1984), os níveis de solicitações são mais elevados durante a fase folicular do que durante a fase lútea. No caso do macaco de cauda caída, há algumas indicações de aumentos de reach-back, look-back e presentes (Slob et al., 1978). Também no macaco de Celebes, verificou-se que os presentes e o desfilar em frente do macho eram mais elevados durante as fases folicular e periovulatória do ciclo (Dixson, 1977).

No macaco talapoin, Miopithecus talapoin, verificou-se que as solicitações são mais elevadas durante as fases foliculares tardias, a meio do ciclo, quando o inchaço do períneo é máximo (Herbert, 1970; Dixson et al., 1973). A fêmea do mangabey, Cercocebus albigena, também aumenta as suas solicitações durante o inchaço perineal máximo e, portanto, a meio do ciclo (Chalmers e Rowell, 1971).

As ofertas e solicitações a meio do ciclo também aumentam no gorila (Hess, 1973; Nadler, 1975; Nadler et al., 1983; Fossey, 1983; Mitchell et al., 1985). No chimpanzé também se verificam aumentos semelhantes nos presentes, solicitações e aproximações (Yerkes, 1939; Young e Orbison, 1944; Wallis, 1982), quando os níveis de estradiol 17 B são mais elevados (Nadler et al., 1985).

1.2.3. Comportamento Copulatório Feminino em Relação às Hormonas Exógenas

A relação entre as hormonas foliculares e os comportamentos femininos é exemplificada por experiências que utilizam a terapia de substituição hormonal.

No bushbaby de cauda grossa (Dixson, 1978; Girolami e Bielert, não publicado) e no bushbaby menor (Lipschitz, 1988), o tratamento com estradiol 17 B induz a aceitação do macho pela fêmea.

Kendrick e Dixson (1985) e Dixson (1986) demonstram que, no saguim comum, o aumento dos movimentos da língua é induzido pelo tratamento com estradiol 17 B, enquanto a testosterona é ineficaz.

No macaco rhesus, o primata mais frequentemente estudado a este respeito, os tratamentos com estradiol ou com testosterona resultaram, pelo menos, num aumento da frequência de presentes (Trimble e Herbert, 1968; Zumpe e Michael, 1970, 1985a; Everitt e Herbert, 1971; Dixson et al., 1973; Johnson e Phoenix, 1976; Baum et al., 1977; Wallen e Goy, 1977; Zumpe et al., 1983). No macaco de cauda comprida (Zumpe e Michael, 1985b), verificou-se que os tratamentos com estradiol e testosterona induzem aumentos nos convites e nas iniciações de montadas por parte das fêmeas, bem como uma redução das latências de tempo para que estes comportamentos ocorram pela primeira vez.

O tratamento com estradiol também é eficaz na indução de aumentos de presentes no macaco talapoin (Dixson et al., 1973).

Sobre o tema das influências hormonais no comportamento copulatório das fêmeas de primatas, podem ser consultadas as seguintes análises: Dixson, 1983a; Luttge, 1971; Michael e Bonsall, 1979; Baum, 1983.

1.3. APARÊNCIA FEMININA

1.3.1. Aspeto visual

No ponto 4.1. é feita uma análise das alterações morfológicas, relacionadas com os níveis de hormonas ováricas, nas regiões genitais e perineais dos primatas.

1.3.2. Distribuição das cópulas em relação ao tamanho do inchaço do períneo

Foram encontrados picos de cópulas durante o inchaço máximo não só no babuíno (ver 4.1., abaixo) mas também em todas as espécies estudadas a este respeito, que apresentam um inchaço perineal pronunciado. Estas incluem o macaco de cauda longa de Sumatra (van Noordwijk, 1985), o macaco barbary (Kunster e Paul, 1984), o macaco de cauda de porco (Eaton e Resko, 1974), o macaco de Celebes (Dixson, 1977), o mangabey (Chalmers e Rowell, 1971), o macaco talapoin (Herbert, 1970; Dixson et al, 1973), o colobo vermelho, Colobus badius, (Struhsaker e Leland, 1979) e o chimpanzé (Yerkes, 1939; Young e Orbison, 1944; Wallis, 1982).

1.3.3. Aspeto Olfativo

Há muitas provas de que a comunicação olfactiva é importante na ordem dos primatas, particularmente entre os prossímios e os macacos do Novo Mundo (Schilling, 1979; Epple, 1974). No entanto, existem poucas provas que sugiram o papel que as pistas olfactivas desempenham na comunicação sexual, sendo este tipo de provas sobretudo circunstanciais (Epple, 1976; Keverne, 1982, 1983; Goldfoot, 1982).

Os lémures de cauda anelada e os saguins, Saguinus fuscicollis, preferem os odores das fêmeas aos dos machos (Dugmore et al., 1984; Epple, 1960). Os lémures machos exibem flehmen quando investigam o odor dos órgãos genitais femininos (Bailey, 1978). A anosmia masculina causa perturbações sexuais nos macacos rhesus (Michael e Keverne, 1968; Keverne, 1982). Estes factores e a extensa investigação e lambidela dos órgãos genitais femininos que caracterizam o acasalamento em bushbabies (Doyle et al., 1967; Eaton et al, 1973; Lipschitz, 1988; Girolami e Bielert, não publicado), juntamente com o facto de os machos passarem mais tempo a investigar os odores das fêmeas em cio no bushbaby de cauda grossa (Clark, 1982) e no bushbaby menor (Girolami et al., não publicado), sugerem que as pistas olfactivas servem um objetivo reprodutivo (para mais exemplos, ver Epple, 1976; Goldfoot, 1982; Keverne, 1983). No entanto, ainda não se sabe como é que as pistas olfactivas actuam.

Existem provas diretas para o macaco rhesus e provêm de um conjunto de experiências em que fêmeas ovariectomizadas, não tratadas, foram capazes de provocar um comportamento copulatório masculino após a aplicação de lavagens vaginais de fêmeas tratadas com estrogénios (Michael e Keverne, 1968, 1970; Michael e Zumpe, 1982). A substância ativa foi identificada numa mistura de ácidos alifáticos (Curtis et al., 1971; Michael et al., 1971), que se revelou aumentar na altura da ovulação em várias espécies: o babuíno (Bielert e Crewe, inédito), o chimpanzé

(Fox, 1982) e o homem (Michael et al., 1974). No entanto, estes resultados podem ser postos em causa devido à dificuldade de os reproduzir e também porque se demonstrou que os picos de ácidos alifáticos só ocorrem após a ovulação, ou seja, na fase lútea, e após o tratamento com progesterona (Goldfoot et al., 1976). A produção de ácidos alifáticos parece ser, então, mais sensível à progesterona do que ao estradiol. Goldfoot et al. (1976) demonstraram igualmente que os picos de ácidos alifáticos podiam ser induzidos por contaminação com ejaculado. Também foram encontrados picos de ácidos alifáticos durante a fase lútea, e em relação à contaminação com ejaculado, no babuíno (Bielert e Crewe, não publicado). Num trabalho posterior, Goldfoot (1981) descobriu que os machos experientes eram capazes de discriminar pelo olfato o estado sexual de uma fêmea. Ele sugeriu que outras substâncias vaginais, para além dos ácidos alifáticos, podem transmitir essa informação.

A partir deste excurso, é evidente que o papel desempenhado pelas pistas olfactivas na comunicação reprodutiva ainda não é claro e que é necessário realizar mais investigação sobre este assunto. Em vez disso, o que é claro é que a aparência olfactiva feminina muda ao longo do ciclo.

1.4. DISTRIBUIÇÃO DAS CÓPULAS AO LONGO DO CICLO

Os picos periovulatórios de cópulas, ou os níveis mais elevados de cópulas durante a fase folicular do ciclo, são comuns na ordem dos primatas.

Nos prossímios, a cópula limita-se a alguns dias do ciclo ovárico, altura em que a fêmea aceita o macho (para o lóris delgado, Izard e Rasmussen, 1985); o lémure rufo, Shideler et al., 1983; o lémure de cauda anelada, Jolly, 1966; Evans e Goy, 1968; o sifaka, Richard, 1974; o bushbaby de cauda grossa, Eaton et al., 1973; o bushbaby menor, Doyle et al., 1967). Os poucos dias do ciclo em que a fêmea do prossímio acasala podem ser comparados com as poucas horas do ciclo em que o acasalamento ocorre nos musaranhos (Conaway e Sorenson, 1966). Já vimos como, nos prossímios, a aceitação do macho pela fêmea está relacionada com a ovulação. Nos prossímios, a cópula também ocorre apenas na fase ovulatória do ciclo.

Os aumentos periovulatórios ou foliculares na cópula em primatas do Novo Mundo também são encontrados no saguim (Kendrick e Dixson, 1983).

Entre os macacos, tais alterações foram observadas no rhesus (Michael et al., 1967; Czaja e Bielert, 1975; Bonsall et al., 1978; Gordon, 1981; Zumpe e Michael, 1983; Wallen et al., 1984), no macaco de cauda longa (Zumpe e Michael, 1983), no macaco de cauda de leão (Lindburg et al, 1985), o macaco-de-cauda-de-porco (Eaton e Resko, 1974), o macaco-de-cauda-de-cegonha (Murray et al., 1985; Nieuwenhuijsen et al., 1986), o macaco-de-barbárie (Kuster e Paul, 1984), o macaco-de-Celebes (Dixson, 1977) e o macaco-japonês (Enomoto et al., 1979). Os picos copulatórios durante a fase folicular tardia do ciclo são encontrados no babuíno (ver 4.1., abaixo), no macaco talapoin (Herbert, 1970; Dixson et al., 1973) e no mangabey (Chalmers e Rowell, 1971). O macaco patas apresenta níveis mais elevados durante a fase folicular do que durante a fase lútea (Rowell e Hartwell, 1978).

Entre os grandes símios, o acasalamento é restrito a meados do ciclo no gorila (Hess, 1973; Nadler, 1975; Nadler et al., 1983; Fossey, 1983; Mitchell et al., 1985) e no chimpanzé (Yerkes, 1939; Young e Orbison, 1944; Wallis, 1982), enquanto que no orangotango foram observados aumentos periovulatórios na frequência copulatória (Nadler, 1977).

1.5. A FUNÇÃO DO COMPORTAMENTO COPULATÓRIO FEMININO E DA APARÊNCIA FEMININA E OS OBJECTIVOS DO PRESENTE ESTUDO

Nesta altura, parece evidente que existe uma relação entre o comportamento copulatório da fêmea, a aparência da fêmea e o acontecimento da cópula. A natureza dessa relação, especialmente entre o comportamento feminino e a cópula, ainda não é clara.

Em 1976, Beach dividiu os comportamentos copulatórios das fêmeas em dois tipos: proceptivos e receptivos. O primeiro consiste em comportamentos apetitivos e o segundo em ajustamentos para permitir a cópula. A aparência da fêmea, ou seja, o seu valor de estímulo, foi designada por "atratividade".

(Daqui em diante, a palavra "atratividade" é usada em vez do termo de Beach "atratividade", exceto quando é feita referência à sua publicação).

A proceptividade das fêmeas nos prossímios noturnos não está bem desenvolvida e a cópula parece ser modulada por alterações na recetividade e atração das fêmeas. Isto faz sentido na medida em que os machos só se sentem atraídos por uma fêmea quando esta permite a cópula. Por que razão evoluíram então os comportamentos proceptivos nos primatas diurnos prossímios e símios? Os comportamentos proceptivos das fêmeas também foram descritos por Beach (1976) como atractivos. Será então possível que os comportamentos proactivos tenham aumentado à custa da aparência da fêmea como forma de atrair o macho? Por último, como funciona a atratividade? Será que assinala a prontidão comportamental da fêmea e/ou a sua fertilidade, o que implica a cognição e a escolha do macho, ou será que actua sobre a fisiologia do macho, impelindo-o a copular.

Tendo em conta estas questões, foram selecionadas duas espécies de Cercopithecinae para o estudo dos seus sistemas de comunicação sexual: o macaco vervet, Cercopithecus aethiops pygerythrus, uma espécie cujas fêmeas não apresentam alterações na aparência visual e que, até agora, forneceu escassas provas de atividade copulatória relacionada com hormonas; e o babuíno chacma, Papio ursinus, uma espécie cujas fêmeas, pelo contrário, apresentam alterações proeminentes na aparência visual e que exibe provas conspícuas de atividade copulatória relacionada com hormonas.

CAPÍTULO 2

INFLUÊNCIAS DAS HORMONAS ESTERÓIDES NO COMPORTAMENTO DE ACASALAMENTO DOS MACACOS VERMELHOS (Cercopithecus aethiopspygerythrus): EFEITOS SOBRE AS FÊMEAS ATRACTIVIDADE E PROCEPTIVIDADE - EXPERIÊNCIA 1

2.1. INTRODUÇÃO

As hormonas esteróides são um fator muito importante na sincronização da atividade reprodutiva dos mamíferos. Um exemplo desta sincronização é o fenómeno do estro, que consiste em alterações induzidas por hormonas no comportamento sexual e na fisiologia necessárias para acasalamentos férteis (Lisk, 1978). No entanto, a relação entre a reprodução e o estado hormonal da fêmea, com exceção dos prossímios (Eaton, 1973), é menos clara nos primatas.

O macaco rhesus (Macaca mulatta) é a espécie a que foi dedicada mais atenção em termos de estudos analíticos sobre as interações hormonais e comportamentais. Os estudos demonstraram que a ovariectomia reduz sensivelmente os comportamentos copulatórios dos machos e que o interesse dos machos é restabelecido pela administração de estradiol às fêmeas (Michael et al., 1967). De facto, o estradiol parece ter um efeito marcante na atratividade das fêmeas, aumentando uma série de índices comportamentais dos machos, tais como contactos, montagens, taxas de montagem, intromissões e ejaculações (Trimble e Herbert, 1968; Johnson e Phoenix, 1976; Wallen e Goy, 1977). Além disso, a administração exógena de um outro esteroide segregado pelos ovários, a testosterona, aumentou o número de montarias, intromissões, ejaculações e erecções (Johnson e Phoenix, 1976; Wallen e Goy, 1977). Nas fêmeas, verificou-se que tanto o estradiol como a testosterona aumentam os comportamentos proceptivos (Trimble e Herbert, 1968; Zumpe e Michael, 1970; Johnson e Phoenix, 1976; Wallen e Goy, 1977), ao passo que uma redução da recetividade e da atração foi induzida por doses mais elevadas de testosterona (Trimble e Herbert, 1968; Johnson e Phoenix, 1976).

Como Baum salientou numa revisão recente (1983), as espécies diferem nos comportamentos sexuais exibidos e na sua dependência dos esteróides sexuais. No macaco de cauda alta (M. arctoides), nem o comportamento masculino nem o feminino variam de forma previsível ao longo do ciclo da fêmea. A ovariectomia diminuiu mas não eliminou os comportamentos sexuais masculinos (Slob et al., 1978). Outros trabalhos mostraram que a adrenalectomia de fêmeas ovariectomizadas não afectou o comportamento dos machos ou das fêmeas (Baum et al., 1978).

Os estudos de campo revelam que o macaco vervet (Cercopithecus aethiops pygerythrus) apresenta aparentemente um comportamento de acasalamento durante todo o ciclo menstrual da fêmea. Estes estudos registaram um "cio prolongado" durante o qual as fêmeas apresentaram um comportamento sexual em 66 dias consecutivos (Struhsaker, 1967a, p. 31) e 56 dias consecutivos (Gartlan, 1969).

Embora tenham sido observados longos ciclos intermenstruais em laboratório (até 149 dias, Butler, 1966; mais de 50 dias, Else et al., 1986), os ciclos normais foram identificados, para o macaco vervet, como sendo muito mais curtos (ciclos médios de um mês, Bramblett et al., 1975; 31,4 dias, Hess et al., 1979; 32,76 dias, Else et al., 1986).

Os períodos prolongados de comportamento sexual das fêmeas parecem exceder a duração média de um ciclo ovulatório normal. Em macacos-vervet em cativeiro, Rowell (1970) verificou que os ciclos tinham uma duração média de 33 dias e que as fêmeas copulavam todos os dias do ciclo. Também descreveu as fêmeas como estando num "cio contínuo" (Rowell, 1970, p. 335). Estes dados sugerem uma independência notável das cópulas em relação aos níveis de hormonas ováricas. Este facto é confirmado pela constatação de que as fêmeas desta espécie podem copular antes da época de reprodução, mesmo que não tenham retomado a ciclicidade ovárica (Andelman et al., 1985; Andelman, 1987).

Se a atividade copulatória, prolongada até à fase infértil do ciclo, pode ser esperada em cativeiro, uma vez que foi constatada no macaco rhesus durante testes de pares e em espaço restrito (Gordon, 1981; Wallen, 1982), este mesmo fenómeno não deveria ocorrer em animais em liberdade, onde a expressão de uma atividade relacionada com os ovários deveria ser favorecida. Por outro lado, é possível que outros factores, que actuam diretamente sobre o comportamento da fêmea, intervenham, criando assim um "cio prolongado".

É agora evidente que, num espaço mais limitado e em situações de teste de pares, se uma fêmea pode controlar o acesso dos machos (Michael et al., 1982), ou quando o acesso dos machos à fêmea é restrito (Czaja e Bielert, 1975; Pomerance e Goy, 1983), a exibição de comportamentos proceptivos flutua em relação ao ciclo menstrual. De facto, Baum (1983) afirma que, entre os comportamentos femininos, são os comportamentos proceptivos que mais provavelmente são influenciados pelas hormonas ováricas. Isto é particularmente evidente no comportamento de proximidade com o parceiro masculino (Czaja e Bielert, 1975; Johnson e Phoenix, 1976, 1978; Wallen e Goy, 1977; Cochran, 1979; Wallen, 1982).

A experiência 1 foi concebida para investigar se o "estro prolongado/contínuo" e a atividade copulatória relativa eram um verdadeiro reflexo da independência do acasalamento e, por conseguinte, da atratividade e da proceptividade, em relação às hormonas ováricas, ou o resultado de pressões exercidas pelos ambientes social e físico. Para tal, uma fêmea ovariectomizada, tratada com estradiol e testosterona, uma de cada vez, as duas principais hormonas ováricas envolvidas no controlo da atratividade e da proceptividade femininas, foi testada em pares com um macho. Além disso, uma vez que uma situação de teste de pares pode, por si só, reduzir a expressão da modulação hormonal da atividade copulatória, uma parte do teste centrou-se no comportamento proceptivo que, como se viu anteriormente, mostrou maior sensibilidade às alterações hormonais, ou seja, a proximidade do macho. A situação escolhida foi uma situação em que a fêmea controlava o seu espaço e estava livre da influência física do macho, ou seja, o macho estava preso numa parte da gaiola. Esta situação experimental específica tinha sido utilizada com sucesso por Czaja e Bielert (1975), num estudo com macacos rhesus.

2.2. MATERIAIS E MÉTODOS

2.2.1. Temas

Os indivíduos eram macacos vervet adultos, capturados na natureza, do norte do Transvaal, perto de Vaalwater, África do Sul: dez fêmeas, A, B, C, D, F, G, H, J, L,

P, e quatro machos, U, V, W, Z. Nove das fêmeas tinham sido ovariectomizadas bilateralmente, no mínimo, 4 anos antes. A décima fêmea estava intacta e não estava familiarizada com as outras. Os machos tinham sido todos vasectomizados bilateralmente pelo menos 5 meses antes do início do teste. Dois dos machos (W, Z) estavam familiarizados com as oito fêmeas experimentais, tendo vivido no mesmo grupo social durante 5 anos. Os outros dois machos (U, V), que se juntaram recentemente à colónia, não estavam relativamente familiarizados com as fêmeas em causa. Não existe qualquer informação disponível sobre os animais antes da sua captura. O peso do corpo inteiro e a dentição, bem como a descida dos testículos, foram os critérios para a determinação da maturidade sexual nos machos. O peso do corpo inteiro e a dentição, bem como o alongamento dos mamilos, foram os critérios para a determinação da maturidade sexual e da paridade das fêmeas. Em nenhum momento os indivíduos foram envolvidos em qualquer experiência para além das descritas.

2.2.2. Habitação

Todos os macacos estavam alojados na Unidade Frankenwald do Serviço Central de Animais da Universidade de Witwatersrand, em jaulas individuais para onde tinham sido transferidos 4 meses antes do início do ensaio. As jaulas mediam 60x80x60 cm e estavam situadas num grande edifício com outros macacos e babuínos. O edifício não tinha janelas, mas a luz era fornecida por uma grande porta de rede metálica num dos lados do edifício, que também constituía uma fonte de ar fresco.

Os animais receberam diariamente uma ração preparada comercialmente, complementada duas ou três vezes por semana com fruta e legumes frescos. A água estava disponível ad libitum. As gaiolas eram lavadas à mangueira uma vez por dia e eram efectuados controlos sanitários diários a todos os animais.

2.2.3. Transporte, sala de testes, pontuação e habituação

Para os testes, os sujeitos foram transportados da sua gaiola de origem para a sala de testes através de uma gaiola de transporte de chapa metálica de 30x30x40 cm, na qual aprenderam a entrar. A gaiola tinha orifícios perfurados em dois dos lados mais compridos, para permitir a circulação do ar. A gaiola de transporte foi transportada num carrinho (36x54x112 cm) da gaiola doméstica para a sala de testes. Na sala de ensaio, o observador sentou-se atrás de uma unidade móvel de registo do comportamento, em frente à gaiola, à vista dos animais. Os animais estavam familiarizados com o observador. A unidade tinha capacidade para registar o tempo decorrido, bem como a frequência dos acontecimentos. Na segunda parte do teste, os comportamentos foram registados numa folha de pontuação dividida em intervalos de cinco segundos (ver 2.2.4., infra - categorias de pontuação). O tempo foi cronometrado por meio de um cronómetro.

Todos os animais foram familiarizados com a rotina dos ensaios durante os quatro meses que antecederam o início do ensaio efetivo. O treino na gaiola de transporte teve início 4 meses antes do ensaio e a pré-adaptação aos ensaios teve início 2 semanas antes do ensaio.

2.2.4. Ensaios, aparelhos e categorias pontuadas

O teste foi dividido em duas partes. Na primeira parte, o macho foi impedido de entrar em contacto físico com a fêmea, enquanto que na segunda parte o par teve liberdade para interagir. A fêmea foi transportada da sua gaiola de origem e colocada na gaiola de ensaio, em primeiro lugar. A gaiola de ensaio em rede metálica (Figura 1) media 66x72x266 cm e tinha portas de guilhotina em cada extremidade para a introdução dos animais. Uma divisória de rede metálica deslizante permitia a conversão de uma parte (66x72x66 cm) da gaiola num compartimento mais pequeno.

A rede não impedia as interações visuais, auditivas ou olfactivas dos indivíduos, mas impedia o contacto físico (Figura 1). Após a introdução de uma fêmea na gaiola de ensaio, a divisória de rede metálica foi baixada e o macho foi recolhido da sua gaiola de origem e preparado para a sua introdução no pequeno compartimento e para o início do ensaio. O teste começou com a entrada do macho no compartimento pequeno e a primeira parte do teste continuou durante 10 minutos.

Durante este período, foram registadas as frequências de masturbação e de investigação olfactiva por parte do homem, bem como o tempo acumulado de ereção. Para as fêmeas, foram registadas a atividade de caminhar e a frequência de apresentação. Foram também registados os tempos acumulados passados nas várias partes da gaiola de ensaio. A área da gaiola disponível para a fêmea foi dividida em três porções iguais (66x72x66 cm cada), S3, S2 e S1. A porção mais próxima do macho, S3, foi ainda dividida em duas sub-secções, S3a e S3b (ver Figura 2). No final do teste de 10 minutos, a divisória de malha foi levantada e foi permitido o contacto do macho com a fêmea.

Figura 1.A. A gaiola experimental com as gaiolas de transporte fixadas nas extremidades. O macho, no compartimento esquerdo, está separado da fêmea por uma divisória de rede durante a primeira parte do ensaio. Os indivíduos podem ainda tocar-se e cheirar-se mutuamente.

Figura 1.B. Segunda parte do teste. A divisória de rede é levantada e o macho pode aproximar-se da fêmea.

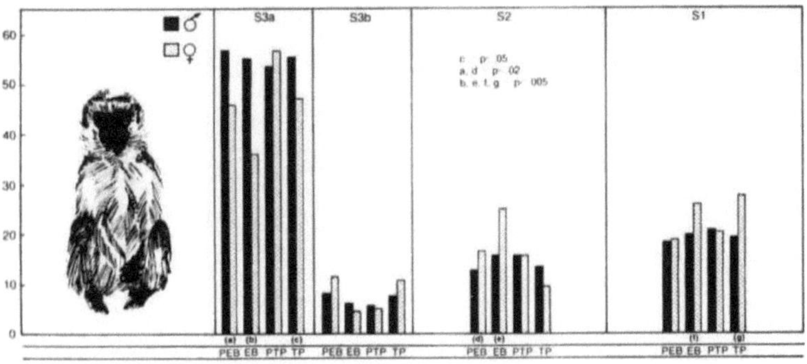

Figura 2. Representação esquemática da situação de descanso com o parceiro restrito à esquerda da imagem. Em cada secção da gaiola, é ilustrada a percentagem de tempo passado pela fêmea com um parceiro masculino (barras pretas) ou feminino (barras pontilhadas) durante os ciclos de controlo (PEB e PTP) e de tratamento (EB e TP).

A segunda parte do teste consistiu num teste de pares de 2 minutos. Foram registados vários comportamentos do macho e da fêmea (enumerados e definidos abaixo), bem como o tempo decorrido desde a introdução do macho até à ejaculação.

Cada ciclo de testes consistiu em 40 testes durante um período de 2 semanas. As oito fêmeas ovariectomizadas foram divididas em dois grupos (A e B) com quatro indivíduos em cada um. Cada fêmea do mesmo grupo foi emparelhada com os quatro machos e as duas fêmeas (uma intacta e uma ovariectomizada), de modo a que, no final do ciclo de testes, cada fêmea tivesse visto os parceiros masculinos duas vezes e os parceiros femininos uma vez. As parceiras foram testadas apenas na situação de restrição. Durante um período de teste de 3 meses e meio, foi efectuado um total de 320 testes.

2.2.5. Comportamentos pontuados

2.2.5.1. Comportamentos masculinos

Os comportamentos masculinos pontuados foram:

Investigação olfactiva. Qualquer ato evidente de cheirar a região perineal de uma fêmea que se encontre na proximidade.

Masturbação. Qualquer período discreto de manuseamento consistente do pénis.

Aproximação. O macho caminha diretamente para a fêmea.

Contacto. O homem toca ou agarra com uma ou ambas as mãos as ancas ou a cintura da mulher.

Montar. O macho agarra os gémeos da fêmea com os pés enquanto segura as ancas da fêmea com as mãos.

Intromissão. A inserção do pénis na vagina é reconhecida por um impulso pélvico profundo e regular. O número de impulsos pélvicos por intromissão foi registado a partir do primeiro impulso de inserção.

Ejaculação. Emissão seminal caracterizada por uma pausa curta e imobilidade do corpo após uma série de movimentos pélvicos longos e rítmicos, seguidos de desmontagem do macho. Também é reconhecida pela presença de ejaculado coagulado visível na vulva da fêmea.

2.2.5.2. Comportamentos femininos

Os comportamentos femininos pontuados foram:

Apresentação. Uma orientação direta do períneo em direção à parceira. Esta categoria inclui todas as variações possíveis na orientação e flexão do corpo e na posição da cabeça e da cauda. Pode ser executada como um agachamento baixo, orientado lateralmente, com a cauda encostada ao corpo e a cabeça virada para o lado ou para o macho, ou pode ser uma postura com as pernas totalmente estendidas. Neste caso, a cauda pode ser flexionada sobre o dorso, mantida verticalmente ou deixada flácida. O corpo pode estar orientado perpendicularmente em direção ao macho ou de lado e a cabeça pode estar virada para o macho ou para longe dele. Andar. Qualquer movimento que exija um mínimo de dois passos dentro ou através da secção da gaiola.

Proximidade. A fêmea senta-se a uma distância de contacto com o macho.

Bocejos. Hiperextensão da mandíbula com ligeira deslocação. Os lábios são retraídos para expor as gengivas e os dentes.

Agressão. A fêmea persegue e bate no macho com uma mão, enquanto levanta as sobrancelhas e fica de boca aberta (Struhsaker, 1967).

Ajustes negativos. A fêmea não presta atenção ao macho, afasta-se ou bate no macho.

2.2.6. Administração de hormonas

As fêmeas foram submetidas a dois ciclos de tratamento hormonal: (1) com benzoato de estradiol (EB) e (2) com propionato de testosterona (TP). O grupo A foi injetado todos os dias durante 4 semanas, com 10 p,g de EB suspenso em 0,2 ml de óleo de arachis. As injecções intramusculares foram administradas uma vez por dia entre as 09:00 e as 11:00 horas. O tratamento foi iniciado 2 semanas antes do teste comportamental e foi continuado durante o período de teste. As injecções foram então suspensas durante 30 dias, após os quais foi iniciado o segundo ciclo de tratamento hormonal. A TP (1 mg), suspensa em 0,2 ml de óleo de arachis, foi administrada diariamente por via intramuscular entre as 09:00 e as 11:00 horas. O tratamento com a duração de 4 semanas foi iniciado 15 dias antes dos testes comportamentais e continuou durante o período de teste. No grupo B, o procedimento e as dosagens de esteróides foram os mesmos que no grupo A, mas a ordem dos tratamentos foi invertida.

2.2.7. Análise estatística

Os comportamentos foram registados como frequências ou como tempo decorrido. Os ajustes negativos aos contactos, à montaria e à intromissão, bem como a agressão e os bocejos, foram transformados em categorias binárias (0-1) devido às suas frequências muito baixas e as percentagens foram comparadas através de um teste de associação $\%^2$. Os outros dados de frequência foram normalizados utilizando a transformação adequada da raiz quadrada e, em seguida, juntamente com o tempo decorrido, foram submetidos a uma análise de variância para dados não equilibrados com o procedimento de modelos lineares gerais (SAS). Por fim, procedeu-se a uma comparação de médias entre pares com um teste t e, para médias múltiplas, foi adotado o teste de intervalos múltiplos de Duncan.

2.3. RESULTADOS

Na primeira parte do teste, em que o macho foi imobilizado, não foram encontrados efeitos dos tratamentos hormonais nos comportamentos femininos.

A distância entre fêmeas e machos, medida como o tempo passado por uma fêmea em cada uma das quatro secções da gaiola, não foi significativamente afetada pelos tratamentos EB ou TP. Isto também se verificou quando as fêmeas foram testadas com outras fêmeas. As fêmeas passaram a maior parte do tempo do teste na secção mais próxima do parceiro imobilizado (S3a), quer fossem testadas com um macho ou uma fêmea ($p<0{,}001$). No entanto, elas passaram significativamente mais tempo em S3a quando um homem era o parceiro do que quando testadas com uma mulher (Figura 2).

A apresentação aos machos foi efectuada de forma consistente, mas com uma variação individual acentuada, tanto na frequência (média das linhas ± SEM variando de 0,25 ± 1,4 a 12,75 ± 1,43) como na postura escolhida. Foi encontrado um padrão semelhante na apresentação às fêmeas, com uma média de linhas ± SEM de 0 a 7,5 ± 1,5. Nenhum dos tratamentos com esteróides afectou significativamente a frequência de apresentação, mas foram dirigidas mais apresentações aos parceiros masculinos do que aos femininos (Figura 3, à esquerda).

A frequência dos movimentos das fêmeas dentro e entre as secções da gaiola foi consistente nos ciclos de controlo e de tratamento, tanto com parceiros femininos como masculinos. Foi encontrada uma diferença estatisticamente significativa ($p<0{,}0004$) quando se compararam os resultados dos testes com parceiros masculinos e femininos, sendo as fêmeas mais activas quando expostas a machos (Figura 3, à direita).

Certos índices do comportamento dos machos mostraram alterações significativas durante os tratamentos hormonais das fêmeas. O tempo que os machos passaram em ereção foi específico para cada indivíduo, com médias de linhas ± SEM variando de 23,06 ± 9,73 a 548,37 ± 25,62. Verificou-se que o tempo de ereção aumentou ligeiramente com a EB

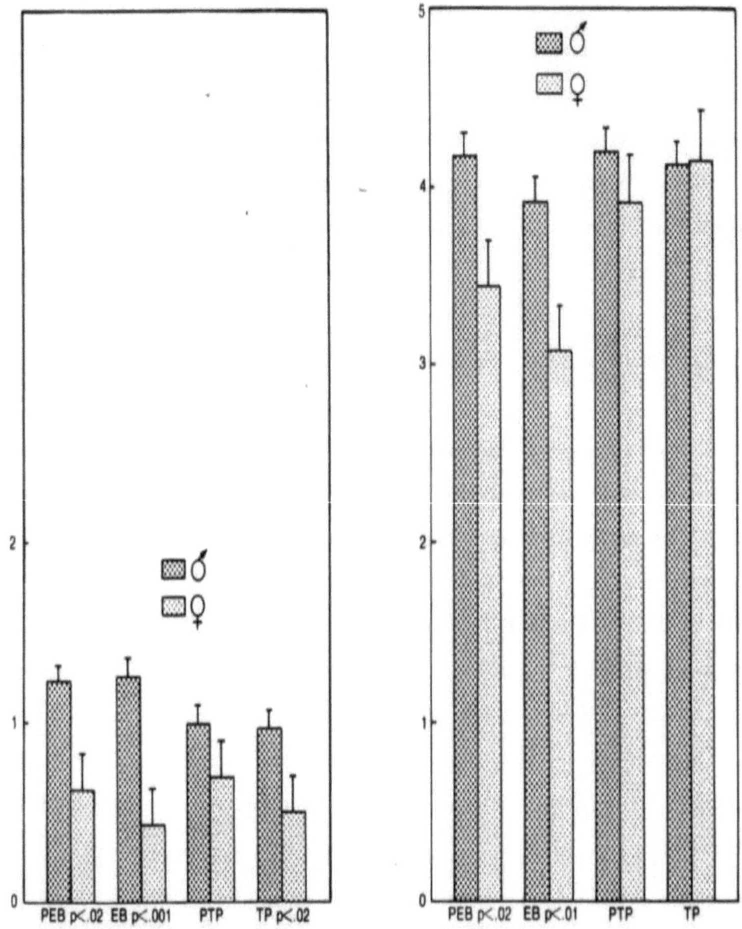

Figura 3. (Esquerda) Comparação das frequências (médias + NEE) de apresentação pelas mulheres quando emparelhadas com parceiros masculinos e femininos durante os ciclos de controlo (PEB e PTP) e de tratamento (EB e TP).
(Direita) Comparação das frequências (médias ± NEE) de marcha dos indivíduos do sexo feminino quando emparelhados com parceiros masculinos e femininos durante os ciclos de controlo (PEB e PTP) e de tratamento fEB e TP1.

e diminuiu com o tratamento TP, sendo que nenhuma destas alterações foi estatisticamente significativa em relação aos períodos de controlo. No entanto, a diferença entre os valores para estes tratamentos hormonais foi significativa (Quadro 1).

As investigações olfactivas foram efectuadas através da partição da rede metálica em todos os machos e, tal como para o tempo de ereção, foi encontrada uma alteração significativa na frequência, apenas quando os resultados dos tratamentos EB e TP foram comparados diretamente (Quadro 1).

Não foi possível encontrar qualquer efeito consistente dos tratamentos na frequência da masturbação que, pelo contrário, foi altamente variável entre os quatro homens (linha

QUADRO 1
Frequências e durações (médias + SEM) dos comportamentos dos machos durante o teste de contenção dos machos

Male behaviour categories	Experimental periods			
	PEB	EB	PTP	TP
Olfactory investigations	0.35 ± 0.08	0.41 ± 0.08[a]	0.34 ± 0.08	0.23 ± 0.08[b]
Masturbations	0.83 ± 0.08	0.83 ± 0.08	0.83 ± 0.08	0.61 ± 0.08
Erection				
(in seconds)	283.40 ± 21.29	320.79 ± 21.29[a]	298.22 ± 21.46	236.92 ± 21.46[b]
(%)	47.23	53.46	49.7	39.48

Nota. a>b = P<0,05.

médias ± SEM variando de 0,12 ± 0,08 a 4,81 ± 0,85).

Os resultados da segunda parte do teste, quando o par estava livre para interagir, são ligeiramente diferentes dos que acabámos de descrever. Os comportamentos proceptivos das fêmeas foram realizados de forma consistente durante todo o período experimental, tal como na primeira parte do teste.

O padrão apresentado para os presentes espontâneos (médias das linhas ± SEM variando de 0,25 ± 0,16 a 16,00 ± 1,55) foi muito semelhante ao encontrado na parte anterior, embora com frequências significativamente mais elevadas. Não se registaram flutuações hormonais na proximidade do homem (médias das linhas ± SEM variando entre 0,12 ± 0,12 e 3,25 ± 1,31; Tabela 2).

Os ajustes negativos ao contacto, à monta e à intromissão, juntamente com a agressão ao macho, foram muito raros e estiveram significativamente ausentes durante o tratamento com estradiol (ver Quadro 2). A testosterona aumentou significativamente a frequência dos bocejos (Quadro 2).

Os machos geralmente aproximam-se, contactam e montam a fêmea muito

QUADRO 2

Frequências (médias + SEM) e percentagens do comportamento das fêmeas durante o teste de acasalamento

	Experimental periods			
Female behaviour categories	PEB	EB	PTP	TP
Proximity	0.66 ± 0.08	0.70 ± 0.08	0.72 ± 0.08	0.67 ± 0.08
Presents spontaneous	1.61 ± 0.10	1.55 ± 0.10	1.17 ± 0.10	1.23 ± 0.10
Negative adjustments to contact (%)	7.81	0.00	4.69	11.11[a]
Negative adjustments to mount (%)	10.94	0.00	1.56	9.52[b]
Negative adjustments to intromission (%)	4.69	0.00	0.00	0.00[c]
Aggression (%)	9.38	0.00	3.13	3.17[d]
Yawns (%)	3.13	6.25	0.00	58.73[e]

a χ^2 = 7.07, df = 3, P 0.05.
b χ^2 = 11.25, df = 3, P 0.01.
c χ^2 = 9.06, df = 3, P 0.02.
d χ^2 = 7.03, df = 3, P 0.02.
e χ^2 = 105.51, df = 3, P 0.0001.

O comportamento de montar era rápido, geralmente assim que a divisória era levantada. Não foram observadas alterações nos comportamentos de monta que pudessem estar relacionadas com os tratamentos, mas verificou-se uma diminuição significativa na aproximação e contacto durante a administração de TP (Tabela 3). Os machos tipicamente ejacularam depois de um número de impulsos pélvicos numa única montada e intromissão (médias de linhas ± SEM variando de 3,92 ± 0,35 a 7,71 ± 0,84). Os intervalos de tempo antes da ejaculação foram curtos (médias de linha ± SEM variando de 17.14 ± 2.14 segundos a 225 ± 52.32 segundos) e novamente, como no número de impulsos pélvicos, não mostraram nenhuma flutuação de acordo com os tratamentos femininos (Tabela 3). As intromissões e ejaculações foram significativamente mais frequentes durante o tratamento com estradiol (Tabela 3).

As frequências das investigações olfactivas foram significativamente mais elevadas do que na primeira parte do teste, quando o macho estava contido ($p<0,0001$) e, em

QUADRO 3

Frequências (médias + SEM) dos comportamentos dos machos no teste de acasalamento de pares

	Experimental periods			
Male behaviour categories	**PEB**	**EB**	**PTP**	**TP**
Approaches	0.92 ± 0.06^{a}	0.86 ± 0.06	0.91 ± 0.06^{a}	0.68 ± 0.06^{b}
Contacts	1.26 ± 0.06	1.16 ± 0.06	1.30 ± 0.06^{a}	1.07 ± 0.06^{b}
Mounts	0.95 ± 0.05	1.03 ± 0.05	0.98 ± 0.05	0.85 ± 0.05
Intromissions	0.60 ± 0.04^{b}	0.92 ± 0.04^{a}	0.73 ± 0.04^{b}	0.64 ± 0.04^{b}
Intromissive pelvic thrusts	2.31 ± 0.04	2.30 ± 0.03	2.35 ± 0.03	2.36 ± 0.04
Ejaculations	0.59 ± 0.04^{b}	0.89 ± 0.04^{a}	0.71 ± 0.04^{b}	0.62 ± 0.04^{b}
Olfactory investigations	1.07 ± 0.08	1.24 ± 0.08	1.26 ± 0.08^{a}	0.98 ± 0.08^{b}
Time to ejaculation	44.60 ± 12.60	47.63 ± 10.29	63.58 ± 11.45	35.00 ± 12.44

Nota. a>b = P<0,05.

Além disso, verificou-se uma diminuição durante o TP em relação ao período de controlo (Tabela 3). Quando os resultados das investigações olfativas das duas situações de teste foram somados, foi encontrado um efeito significativo do tratamento ($p<0,01$), com a maior frequência média ocorrendo durante o tratamento EB ($0,82 \pm 0,07$) e a menor durante o TP ($0,61 \pm 0,07$).

2.4. DISCUSSÃO

A imagem que emerge deste estudo do comportamento sexual dos macacos vervet apoia certos resultados de outros estudos de laboratório e de campo. O comportamento ativo das fêmeas em termos de atividade copulatória, de proximidade, de distância do macho e de presentes espontâneos, bem como o nível relativamente constante dos desempenhos copulatórios dos machos, enquadram-se na

"estro prolongado/contínuo" anteriormente descrito (Struhsaker, 1967; Gartlan, 1969; Rowell, 1970).

A administração de EB e TP teve uma influência estatisticamente significativa no comportamento sexual dos animais sujeitos a esta situação experimental. O principal efeito do tratamento com EB foi a acentuação da atratividade das fêmeas, como se deduz do aumento da frequência da ejaculação e da intromissão dos machos, juntamente com aumentos menos evidentes do tempo de ereção e da investigação olfactiva. O tratamento com TP, por outro lado, parece ter afetado negativamente a atratividade, como evidenciado por uma diminuição das abordagens, dos contactos, das investigações olfactivas e do tempo de ereção. Não é claro quais os aspectos da atratividade das fêmeas que foram diretamente influenciados pelo EB e TP, uma vez que não existem atributos externos visíveis dependentes de hormonas nas fêmeas de macacos vervet. Além disso, verificou-se uma ausência generalizada de efeito destas hormonas nos comportamentos das fêmeas avaliados nesta experiência. Talvez os machos sejam excitados por alterações químicas induzidas pelo estrogénio no períneo feminino, uma sugestão apoiada pelo ligeiro aumento da investigação olfactiva durante o tratamento com EB. Também é possível que a comunicação dos estados motivacionais femininos e masculinos ocorra a níveis comportamentais mais subtis e complexos do que os considerados neste estudo. Os únicos comportamentos femininos que sofreram alterações significativas foram as respostas negativas ou agressivas ao macho durante o tratamento com EB e o bocejo durante a administração de TP. A diminuição das respostas negativas aos avanços do macho pode resultar de alterações induzidas pelos estrogénios nas secreções vaginais, que facilitam a intromissão e a impulsão pélvica. O aumento do bocejo, por outro lado, pode ser visto como o resultado da ação da testosterona diretamente no sistema nervoso central (Goy e Resko, 1972; Johnson e Phoenix, 1976).

Contrariamente às conclusões de Czaja e Bielert (1975), Johnson e Phoenix (1976, 1978), Wallen e Goy (1977), Cochran (1979) e Wallen (1982), no caso do macaco rhesus, verificou-se que a proximidade do macho não variava em função do estado hormonal da fêmea, mas apenas em função do sexo do parceiro. O mesmo se passa com os presentes espontâneos. As fêmeas não só passavam mais tempo perto do macho do que da parceira, como também se apresentavam e se deslocavam mais frequentemente na presença de machos. Estes comportamentos podem ser considerados como socialmente orientados, na medida em que ocorrem tanto com as parceiras como com os machos, mas a sua maior frequência com os machos também os classifica como proceptivos, na medida em que podem, pelo menos indiretamente, facilitar a cópula.

A contenção do macho foi utilizada para elucidar possíveis influências hormonais no comportamento proceptivo que, de outra forma, poderiam ter sido ocultadas. De facto, só foi encontrado um fator relacionado com as condições do teste na maior frequência de apresentações espontâneas durante o teste de pares. O comportamento proceptivo parece, portanto, não depender do estado hormonal da fêmea nem ser obscurecido pela interação física com o macho.

Em conclusão, os resultados deste estudo indicam que o tratamento hormonal de macacos vervet fêmeas ovariectomizadas teve muito pouca influência no comportamento sexual. As principais alterações foram nas respostas dos machos à atração das fêmeas, enquanto os comportamentos das fêmeas parecem ter assumido uma função mais comunicativa, exibindo, como resultado, uma independência mais pronunciada do seu substrato hormonal.

CAPÍTULO 3

INFLUÊNCIAS DO TRATAMENTO COM OESTROGÉNIO NAS FÊMEAS DE MACACOS VERMELHOS (Cercopithecus aethiops pygerythrus): PROCEPTIVIDADE E ATRACÇÃO QUANDO AS FÊMEAS E OS MACHOS TÊM A POSSIBILIDADE DE ESCOLHER O PARCEIRO - EXPERIÊNCIAS 2 E 3.

3.1. INTRODUÇÃO

No seu comportamento de acasalamento, o macaco vervet mostra uma marcada independência dos efeitos das hormonas ováricas. Este facto foi recentemente demonstrado em animais selvagens (Andelman et al.,1985; Andelman, 1987) e pode ser inferido a partir de outros relatórios de campo (Whitten, 1984; Gartlan, 1969; Struhsaker, 1967) e observações em grupos em cativeiro (Rowell, 1970, 1971, 1972). Em pesquisas anteriores (Experiência - Capítulo 2; Girolami, 1985), concebidas para investigar a possível dependência do comportamento sexual dos esteróides ovarianos, foi elucidada uma influência estrogénica positiva, observada num aumento das ejaculações, o que sugere, pelo menos, que, nos macacos-vervet, pode haver um aumento da atividade copulatória na altura da ovulação. Durante o tratamento com estrogénios, verificou-se uma diminuição das respostas negativas das fêmeas aos avanços dos machos, enquanto os comportamentos proceptivos não pareciam aumentar, quer sob a forma de pontuações de proximidade, quer sob a forma de presentes.

A frequência ejaculatória e pequenos aumentos nas investigações olfactivas e no tempo de ereção sugerem uma ação estrogénica na atratividade feminina. Beach (1976) considera que as pistas de atração são estímulos induzidos pelos estrogénios, tais como a elaboração perineal e os compostos químicos vaginais, que se demonstraram ocorrer em primatas (Girolami e Bielert, 1987; Curtis et al., 1971), bem como os comportamentos de solicitação. No que diz respeito à elaboração perineal, Dixson (1983c) demonstrou que, nas espécies que exibem tais estímulos atractivos, as cópulas atingem o seu pico, ou são limitadas, por volta da fase ovulatória do ciclo, quando os níveis de estrogénios são mais elevados e quando estas caraterísticas são, portanto, mais pronunciadas. No que diz respeito à existência de estímulos atractivos nos macacos-vervet, as provas são controversas. Os macacos vervet exibem uma pele sexual laranja/vermelha, confinada ao ânus e ao clítoris (Henzi, 1982; Dixson, 1983c; Hrdy e Whitten, 1987). Um rosado da pele sexual durante a época de acasalamento foi relatado por Whitten (1984) mas não por Henzi (1982), que notou, no entanto, que, particularmente durante a época de reprodução, os olhares dos machos para a região perineal das fêmeas estavam associados a erecções. Wickler (1967) descreveu um brilho das cores do períneo durante o estro, embora outros autores não tenham referido flutuações de cor ao longo do ciclo ovárico (Struhsaker, 1967a; Rowell, 1972; Andelman et al., 1985; Andelman, 1987; observação pessoal). No que diz respeito às pistas olfactivas, verifica-se um aumento dos ácidos alifáticos contidos no corrimento vaginal sob estimulação com estrogénios (Girolami, não publicado).

Aumentos claros nos comportamentos de solicitação das fêmeas, ocorrendo regularmente em relação a uma parte do ciclo ovárico, não foram encontrados em macacos vervet (Andelman, 1987). Tais aumentos também não foram demonstrados pela experiência anterior de manipulação hormonal (Experiência 1 - Capítulo 2; Girolami, 1985). A este respeito, há provas, noutros primatas, de que a ocorrência de cópula e a expressão de comportamentos proceptivos são regulados não só pelas hormonas ováricas mas também pelo ambiente social (Goldfoot, 1971; Wallen e Winston, 1984; Zumpe e Michael, 1985a). Suspeita-se de um efeito do ambiente social nos macacos vervet, uma vez que se observou que as fêmeas dominantes apresentam comportamentos sexuais e dão à luz mais cedo do que as subordinadas, na época de reprodução (Whitten, 1984), e Rowell (1971) observou que a fêmea dominante de um grupo enjaulado copulava mais frequentemente a meio do ciclo.

Os aspectos da proceptividade feminina, para além dos comportamentos de solicitação, parecem exprimir melhor a motivação sexual da fêmea e a sua relação com o seu estado endócrino, em particular quando a fêmea controla o acesso ao macho (Dewsbury, 1979; Beach, 1976; Feder, 1984). Isto é evidente no macaco rhesus e no orangotango. As fêmeas de macaco rhesus aproximaram-se e passaram mais tempo com machos presos ou amarrados (Czaja e Bielert, 1975; Pomerantz e Goy, 1983) ou realizaram uma tarefa operante para obter acesso a um macho mais rapidamente durante a fase ovulatória do ciclo, quando os níveis de estrogénios circulantes são mais elevados (Bonsall et al., 1978). As orangotangos fêmeas, pelo contrário, mostraram um aumento da fertilidade quando a porta que conduzia ao quarto do macho permitia apenas a passagem da fêmea (Nadler, 1982).

Tendo em conta estes factos, foram concebidas duas experiências. A primeira tinha como objetivo concentrar-se na motivação sexual feminina e na sua dependência do estrogénio, como um aspeto dos comportamentos proceptivos femininos. Foi escolhida uma situação experimental em que a mulher tinha o controlo total do acesso aos seus parceiros. Esta experiência investigou se a escolha de uma de três alternativas - um homem, uma mulher ou nenhuma escolha, sem que cada parceiro soubesse da presença da mulher - seria influenciada pelo tratamento com estrogénios. A segunda experiência incidiu sobre a questão da atratividade. O objetivo era investigar se a escolha do macho entre uma de duas fêmeas seria influenciada pelo tratamento com estrogénio de uma delas. Uma vez que se demonstrou que os machos copulam regularmente também com fêmeas anormonais (ver experiência 1 supra; Girolami, 1985), foi escolhida uma situação de comparação direta na expetativa de que o contraste proporcionado pela presumível presença de atributos atractivos na fêmea tratada e a ausência de tais atributos na fêmea anormonal facilitasse a escolha do macho.

3.2. MÉTODOS GERAIS

3.2.1. Temas

Os sujeitos eram os mesmos quatro homens vasectomizados e oito das mulheres ovariectomizadas (A, B, C, D, F, G, H, L), utilizados na experiência 1. Todos os sujeitos estavam familiarizados uns com os outros. As fêmeas e dois machos, W e Z, um de cada vez, tinham vivido em grupo numa grande gaiola ao ar livre durante pelo menos 3 anos. Aí estabeleceram uma estrutura de grupo, ou hierarquia, que se manteve ao longo dos anos de vida em gaiolas individuais.

3.2.2. Habitação

Os macacos encontravam-se na Unidade Milner Park do Serviço Central de Animais,

Universidade de Witwatersrand, Joanesburgo. Foram alojados no interior de gaiolas individuais com 60x80x60 cm. Os machos encontravam-se numa sala separada das fêmeas. A temperatura nas salas foi mantida constante a 22° C e a iluminação artificial foi fornecida por luzes fluorescentes durante doze horas por dia. Os animais receberam diariamente uma ração preparada comercialmente, complementada três vezes por semana com fruta fresca. Foi fornecido um litro de água duas vezes por dia.

3.2.3. Transporte, sala de testes, pontuação e habituação

Todos os animais foram transportados para a sala de ensaio numa gaiola de chapa metálica de 30x30x41 cm, tal como descrito na experiência 1. A sala de ensaio era adjacente à sala das fêmeas. Era iluminada por luzes fluorescentes centrais e tinha a gaiola de ensaio num dos lados. Do lado oposto à gaiola, os observadores sentavam-se atrás de uma secretária, à vista dos animais. Os comportamentos eram registados num gravador e depois transferidos, no final de um ensaio, para uma folha de pontuação. O tempo foi cronometrado por meio de um cronómetro. O treino para a tarefa-desempenho em ambas as experiências durou quatro meses.

3.2.4. Administração de hormonas

Os indivíduos do sexo feminino foram injectados uma vez por dia com 10 pg de benzoato de estradiol (EB) em 0,1 ml de óleo de arachis. As injecções intramusculares foram administradas entre as 08:00 e as 09:00 horas, três horas antes do início do teste. O tratamento foi iniciado 15 dias antes dos testes comportamentais e continuou durante o período de teste, num total de 29 dias consecutivos de tratamento por fêmea. Foram concedidos dezassete dias de repouso entre a última injeção e o recomeço dos testes comportamentais.

3.2.5. Análise estatística

As categorias pontuadas consistiram em tempos decorridos e frequências. As latências para a escolha, os tempos decorridos, foram analisados por ANOVA de duas vias com o procedimento de modelos lineares gerais (SAS). As frequências de escolha e de todos os comportamentos avaliados foram analisadas através de um teste de Wilcoxon

(Siegel, 1956). Dos comportamentos pontuados, a ejaculação foi considerada como um valor médio das vezes em que a fêmea foi escolhida. Todos os outros comportamentos foram calculados em taxas por minuto, dividindo o número de ocorrências pelo tempo decorrido até à escolha, expresso em segundos, e multiplicado por sessenta.

3.3. EXPERIMENTO 2

3.3.1. Métodos e procedimentos

3.3.1.1. Aparelhos

A gaiola de ensaio, uma gaiola comprida de rede metálica e Perspex (66x72x396 cm), era constituída por seis módulos (66x72x66 cm) divididos em três secções de dois módulos cada uma por meio de duas divisórias de cartão. As duas divisórias (96x70 cm) tinham alçapões basculantes (30x50 cm) que só podiam ser abertos a partir da secção central. As portas, mantidas fechadas por ímanes, podiam ser facilmente empurradas e eram fechadas por gravidade (figura 4).

Por cima de cada um dos alçapões, a 32 cm do chão da gaiola, estava montada uma janela redonda (17 cm de diâmetro). A janela era um espelho unidirecional que só permitia a visão a partir da secção central da gaiola. O espelho, um disco de Perspex, ao qual tinha sido aplicada uma película reflectora autocolante, estava montado na janela protegida por uma tela metálica convexa, virada para os compartimentos laterais da gaiola (figura 4). Para obter o melhor efeito de visão unidirecional, foram instaladas duas lâmpadas suplementares em cada compartimento lateral, enquanto as luzes centrais da sala foram reduzidas, criando assim um desequilíbrio de luz entre o centro (mais escuro) e a periferia (mais claro) da gaiola. Das duas lâmpadas, um globo de 200 watts iluminava o módulo externo da secção, servindo para aumentar o nível de luz, enquanto um projetor de 100 watts colocado no outro módulo estava apontado para a janela com ecrã para criar um brilho que servia para "disfarçar" a janela, bem como para eliminar qualquer reflexo de espelho que pudesse distrair os animais. A convexidade do ecrã serviu, pelo contrário, para aumentar a distância entre o olho e o espelho, reduzindo qualquer outra possibilidade de visão a partir dos compartimentos laterais (Figura 4).

3.3.1.2. Ensaios

As oito mulheres foram divididas aleatoriamente em dois grupos de quatro, designados por Mulheres Sujeitas (FS) e Mulheres Parceiras (FP). As FS foram emparelhadas com quatro pares diferentes de homens-FP, de modo que trinta e dois trios diferentes

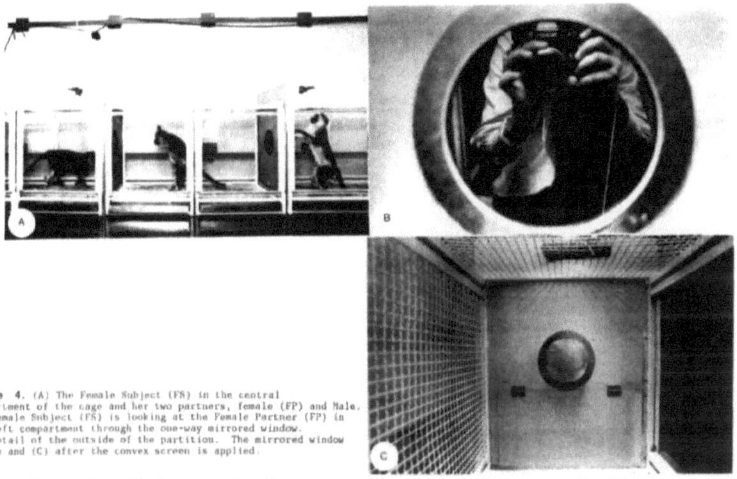

Figure 4. (A) The Female Subject (FS) in the central compartment of the cage and her two partners, female (FP) and Male. The Female Subject (FS) is looking at the Female Partner (FP) in the left compartment through the one-way mirrored window. (B) Detail of the outside of the partition. The mirrored window before and (C) after the convex screen is applied.

foram formados. Todos os trios foram testados com as FS anormais (PEB) e tratadas com estrogénios (EB) e os papéis das FS e das PF foram invertidos no final do primeiro ciclo de testes, para que as PF pudessem tornar-se FS e submeter-se ao seu ciclo de tratamento. As FS foram sempre testadas primeiro de forma anormonal e os testes foram efectuados duas vezes para cada condição hormonal das FS, num total de 128 testes ao longo de 3 meses. Foi utilizado apenas um observador.

O teste consistiu em colocar um macho e um PF, um de cada vez, numa das duas secções laterais da gaiola, em ensaios sucessivos numa base aleatória, e FS, o sujeito experimental, na secção intermédia. O macho e o PF foram deixados entrar primeiro e o FS foi levado para a sala de ensaio numa gaiola de transporte coberta. O teste foi iniciado quando a FS foi introduzida na secção central e terminou 5 minutos depois de ela ter feito uma escolha. Se não fosse feita qualquer escolha após 5 minutos, o teste era encerrado e não era permitida qualquer interação. As latências de escolha e o número de espreitadelas e de tentativas (ver abaixo) por parte da FS foram avaliados. Quando os machos eram escolhidos por FS, o número de ejaculações era avaliado.

3.3.1.3. Categorias pontuadas

Escolha: Entrada da fêmea num dos dois compartimentos laterais (com os quatro membros dentro do compartimento) ou manter uma das portas aberta durante mais de cinco segundos (Figura 5).

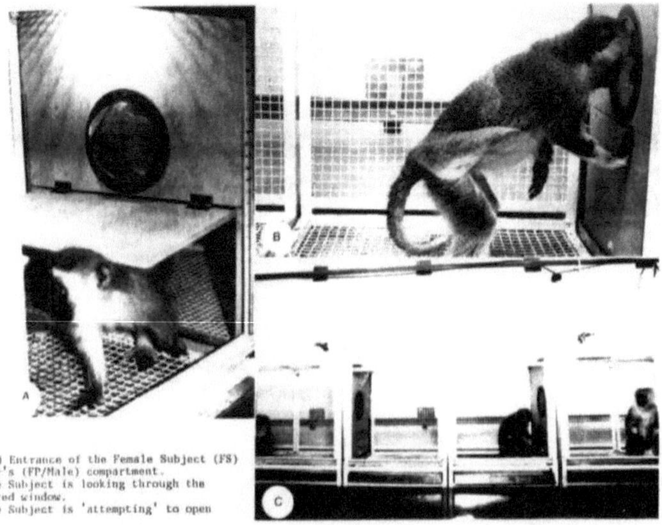

Figure 5. (A) Entrance of the Female Subject (FS) into a partner's (FP/Male) compartment.
(B) The Female Subject is looking through the one-way mirrored window.
(C) The Female Subject is 'attempting' to open the door.

Latência da escolha: Tempo decorrido desde o início do teste até à escolha.

Espreitadela: Qualquer instância discreta de olhar através da janela (Figura 5).

Tentativa: Qualquer toque, com a mão, na divisória, de forma ligeira ou suficientemente forte para a abrir, sem a manter efetivamente aberta (Figura 5).

Ejaculação: Como na Experiência 1.

3.3.2. Resultados

As mulheres preferiram constantemente os parceiros masculinos, escolhendo-os em 73,44% das vezes. Apenas uma mulher, a mulher B, escolheu regularmente parceiros do sexo feminino, contribuindo com 60% para o total dos testes em que as mulheres foram escolhidas como parceiras. Nos restantes 7% não foi efectuada qualquer escolha (Figura 6 e Tabela 4). O estrogénio não afectou significativamente a escolha das mulheres (Quadro 4).

As fêmeas escolheram muito rapidamente, com latências que variaram entre 7,86 segundos (média) para a fêmea D durante o EB e 143,60 segundos (média) para a fêmea C durante o PEB (ver Figura 7). As latências de escolha das fêmeas foram significativamente mais curtas durante o tratamento EB (Figura 7).

Nenhum dos comportamentos femininos pontuados mostrou qualquer dependência do tratamento hormonal quando se considerou uma taxa por minuto (Tabela 5). No entanto, os sujeitos dedicaram mais espreitadelas aos parceiros masculinos do que aos PF's em ambas as condições hormonais (Tabela 5).

Quando o parceiro escolhido era um macho, os machos copularam prontamente com as fêmeas em ambas as condições hormonais e a frequência ejaculatória não foi significativamente diferente entre PEB e EB (Tabela 5).

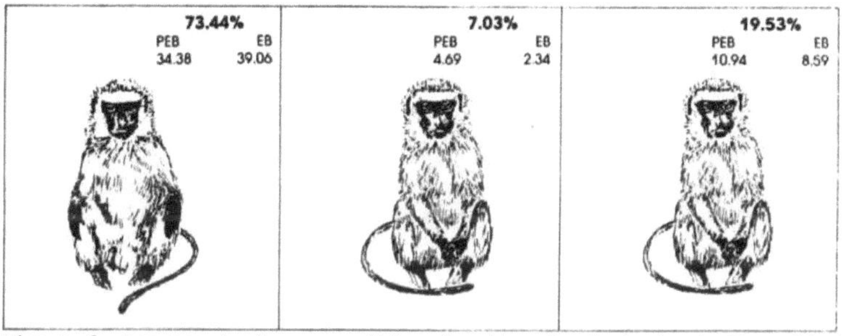

Figura 6. Representação esquemática da situação de teste da Experiência 2, com o Macho à esquerda, a Fêmea (FS) no meio e a Parceira (FP) na secção direita da jaula. As percentagens representam, respetivamente, a partir da esquerda, a escolha de machos por parte da fêmea, a ausência de escolha por parte da fêmea e a escolha de parceiras por parte da fêmea. As percentagens são ainda divididas entre as que ocorrem antes (PEB) e durante (EB) o tratamento da fêmea.

TABLE 4

Frequências de escolha pelas mulheres de parceiros masculinos, sem escolha ou femininos (PF) antes (PEB) e durante (EB) o tratamento com estrogénios.

Female Subjects	PEB			EB		
	Male	No choice	FP	Male	No choice	FP
A	8	0	0	8	0	0
B	1	0	7	0	0	8
C	2	3	3	5	2	1
D	6	0	2	6	0	2
F	5	2	1	7	1	0
G	6	1	1	8	0	0
H	8	0	0	8	0	0
L	8	0	0	8	0	0
TOT	44	6	14	50	3	11
	68.75%	9.37%	21.87%	78.15%	4.68%	17.18%

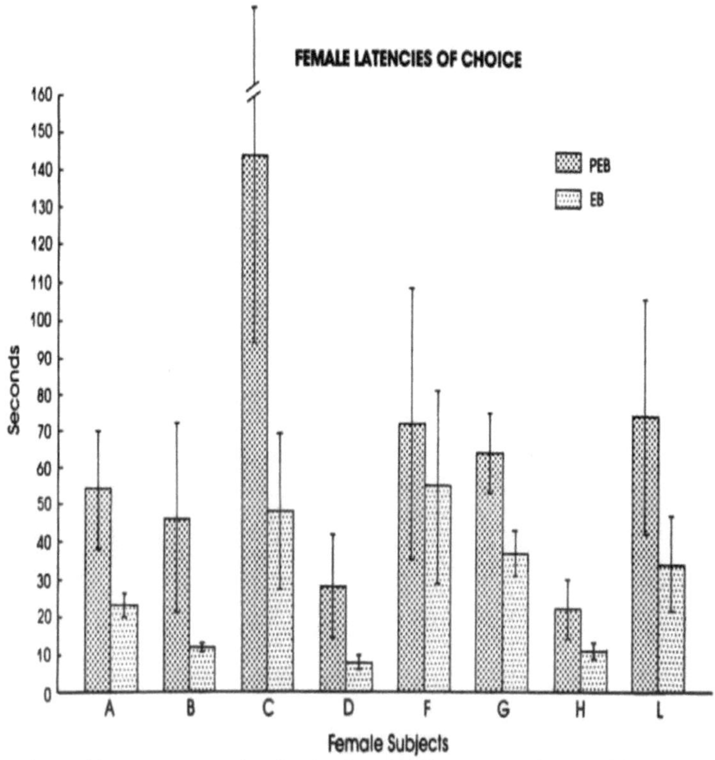

Figura 7. Comparação das latências (média ± NEE) de escolha por cada indivíduo do sexo feminino (FS) antes (PEB) e durante (EB) o tratamento com estrogénios.

TABLE 5

Frequências, taxas ou médias dos comportamentos das mulheres em relação aos parceiros masculinos e femininos, bem como das ejaculações recebidas antes (PEB) e durante o tratamento com estrogénios (EB).

Female Subjects	Attempt				Peep				Ejaculation Received	
	Male		Female Partner		Male		Female Partner			
	PEB	EB	PEB	EB	PEB*	EB*	PEB*	EB*	PEB	EB
A Rates (Freq.)	1.39 (10)	2.60 (8)	0.55 (4)	1.63 (5)	2.09 (15)	1.63 (5)	1.67 (12)	2.28 (7)	1.00	1.00
B Rates (Freq.)	0 (0)	0 (0)	1.67 (4)	0.73 (2)	4.19 (10)	2.96 (5)	4.19 (10)	5.12 (8)	1.00	-
C Rates (Freq.)	1.11 (30)	0.80 (12)	0.99 (27)	0.87 (13)	4.44 (120)	3.36 (50)	4.21 (114)	2.55 (38)	1.00	1.00
D Rates (Freq.)	0 (0)	0.95 (1)	0.26 (1)	1.90 (2)	1.57 (6)	5.71 (6)	0.78 (3)	2.85 (3)	1.00	1.33
F Rates (Freq.)	2.08 (36)	2.70 (31)	1.39 (24)	1.13 (13)	2.26 (39)	3.75 (43)	0.98 (17)	1.39 (16)	0.40	0.85
G Rates (Freq.)	0.63 (8)	0.60 (3)	0.07 (1)	0 (0)	1.59 (20)	3.44 (17)	0.87 (11)	1.82 (9)	1.00	1.25
H Rates (Freq.)	2.71 (8)	1.30 (2)	0 (0)	0 (0)	5.42 (16)	6.52 (10)	2.71 (8)	0.65 (1)	1.25	1.12
L Rates (Freq.)	0.60 (6)	1.50 (13)	0.20 (2)	0 (0)	2.83 (28)	7.25 (33)	2.22 (22)	1.50 (9)	1.37	1.12

*Wilcoxon matched-pairs signed-rank test T=0; N8; P=0.005 for one-tailed test.
*Wilcoxon matched-pairs signed-rank test T=3; N8; P<0.02 for one-tailed test.

5.4. EXPERIMENTAÇÃO 3

5.4.1. Métodos e procedimentos

5.4.1.1. Aparelhos

Foi utilizada a mesma gaiola, dividida em três secções, que na experiência 2, mas de uma forma ligeiramente modificada. Nesta experiência, as divisórias com alçapão foram feitas de Perspex transparente, de modo a permitir a visão de ambos os lados da divisória, e não foram utilizadas luzes suplementares.

3.4.1.2. Ensaios

Uma vez que a atração feminina parece estar relacionada com o estatuto hierárquico (Goldfoot, 1971; Keverne et al., 1982; Seyfarth, 1977; Zumpe e Michael, 1985a; Harcourt, 1987), foram formados quatro pares de fêmeas de estatuto semelhante, que foram rodados de modo a que cada um dos quatro machos pudesse ser combinado com elas, formando assim dezasseis trios diferentes. A fim de permitir que todas as fêmeas fossem tratadas, as fêmeas foram divididas em dois grupos - as Fêmeas Sujeitas, aquelas que seriam submetidas a um tratamento com estrogénios (FS), e as Fêmeas Parceiras, aquelas que permaneceriam anormonais (FP). Os trios foram testados em duas condições - com ambas as fêmeas (FS e FP) anormais e uma fêmea tratada com estrogénio. Após o primeiro ciclo de testes em que as FS e as PF eram anormais (PEB), e em que as FS eram tratadas e as PF permaneciam anormais (EB), os papéis eram invertidos, de modo a que as parceiras se tornassem sujeitos femininos e vice-versa, podendo ser iniciado um novo ciclo de testes. As FS foram sempre testadas primeiro com anormais. Os testes foram administrados apenas uma vez por par em cada condição hormonal de FS, num total de sessenta e quatro testes ao longo de dois meses. Foram utilizados dois observadores - um seguindo a ação na metade esquerda da gaiola, o outro na metade direita.

Duas fêmeas, uma FS e uma FP, foram colocadas, uma de cada vez, numa das duas secções laterais da gaiola selecionadas aleatoriamente. Um macho, o sujeito experimental, foi colocado na secção central. O teste consistia em apresentar ao macho uma escolha entre uma das duas fêmeas ou nenhuma escolha. As fêmeas foram colocadas primeiro nas duas secções laterais. As divisórias/portas foram cobertas com folhas de cartão para evitar uma interação visual não controlada, tal como a gaiola de transporte que continha o macho (figura 8).

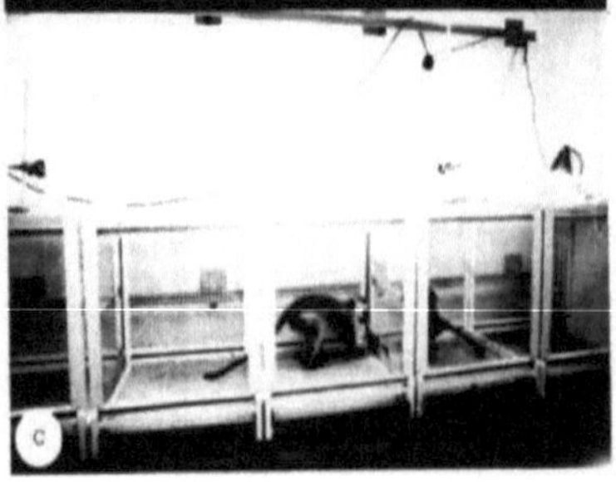

Figure 8. (A) The experimental cage with the Female Subject (FS) and the Female Partner (FP) ready in their lateral compartments. The Male is in the transport cage waiting to be released in the central section. The transport cage is covered with a cloth and the clear partitions are covered with cardboard sheets to prevent vision of the females by the male prior to the beginning of the test.
(B) The male is entering, and therefore choosing, the compartment of one of the two FS/FP females.
(C) The male is 'attempting' to open the door.

O teste iniciava-se quando o macho era introduzido na secção central e as folhas de cartão eram retiradas. O teste terminava 5 minutos depois de o macho ter feito a sua escolha, tendo a totalidade do teste uma duração máxima de 10 minutos, como na experiência 2. Se não fosse feita qualquer escolha após os primeiros 5 minutos, o teste terminava e não era permitida qualquer interação. O tempo decorrido entre o início do teste e a escolha do macho, bem como a frequência com que o macho olhava, se aproximava, fazia sinal com a cabeça e tentava abrir a porta, para cada fêmea, foram pontuados. Os comportamentos considerados para as duas fêmeas foram os presentes, os olhares e as aproximações ao macho. Após a escolha do macho, foi avaliado o número de ejaculações.

3.4.1.3. Categorias pontuadas

Escolha: Entrada do macho num dos compartimentos laterais (todos os quatro membros dentro do compartimento) (Figura 8).

Latência de escolha: O tempo decorrido desde o início do teste até ao homem

escolha.

Olhar: Qualquer olhar ou espreitadela para o animal na secção adjacente da jaula, incluindo os lançados pelas fêmeas durante a apresentação.

Aproximação: Qualquer caminhada em direção à divisória que termine na divisória ou dentro da distância de contacto com ela.

Tentativa: Como na experiência 2 (Figura 8).

Batida de cabeça: Um movimento lateral da cabeça, que pode envolver os ombros, com os olhos fixos nos parceiros, acompanhado, por vezes, de uma exibição genital.

Presente: Uma orientação do períneo em direção ao parceiro, muitas vezes realizada como um agachamento baixo com o corpo orientado lateralmente (ver Girolami, 1985).

Ejaculação: Como na Experiência 1.

3.4.2. Resultados

Os homens fizeram uma escolha em todos os testes. As mulheres foram escolhidas 31 vezes em 56 testes, 45% das quais durante o PEB e 55% durante o EB (ver Figura 9). Este ligeiro aumento verifica-se apenas em quatro dos sete pares de fêmeas (FS-FP) (o oitavo par, F-L, teve de ser retirado desta experiência devido a uma lesão na fêmea F) e não atinge o nível de significância exigido (ver Quadro 6).

Tal como aconteceu com as fêmeas na Experiência 2, a escolha dos machos foi efectuada com bastante rapidez, variando as latências entre 3,28 segundos (média) para o macho Z durante o EB e 59,57 segundos (média) para o macho V durante o EB (Figura 10). Verificou-se que a latência da escolha diminuiu durante o tratamento com EB em três dos quatro machos (Figura 10), embora não tenha sido encontrada qualquer diferença estatística entre PEB e EB.

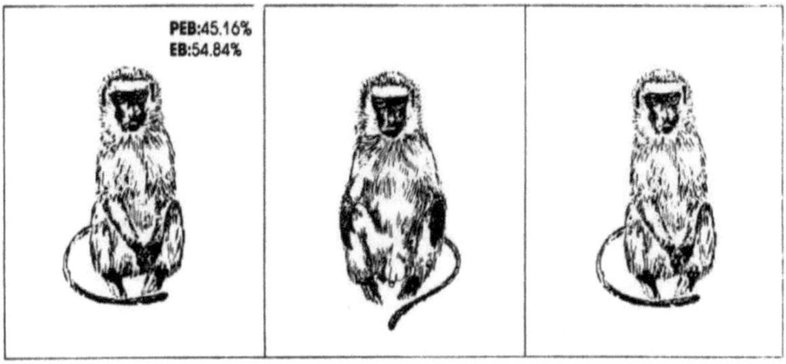

Figure 9. Representação esquemática da situação de teste da Experiência 3 com a Fêmea (FS) na secção esquerda, o Macho no meio e a Fêmea (FP) na secção direita da jaula. As percentagens representam a escolha do macho pela fêmea antes (PEB) e durante (EB) o tratamento hormonal.

TABLE 6

Frequências de escolha, por parte dos homens, de mulheres (FS) ou parceiras (FP) de sete pares FS-FP antes (PEB) e durante (EB) o tratamento com estrogénios das FS.

Female Subject	Female Partners	PEB		EB	
		FS	FP	FS	FP
A	G	3	1	4	0
B	C	1	3	1	3
C	B	3	1	4	0
D	H	0	4	1	3
G	A	1	3	2	2
H	D	3	1	3	1
L	F	3	1	2	2
	TOT	14	14	17	11
		25%	25%	30.36%	19.64%

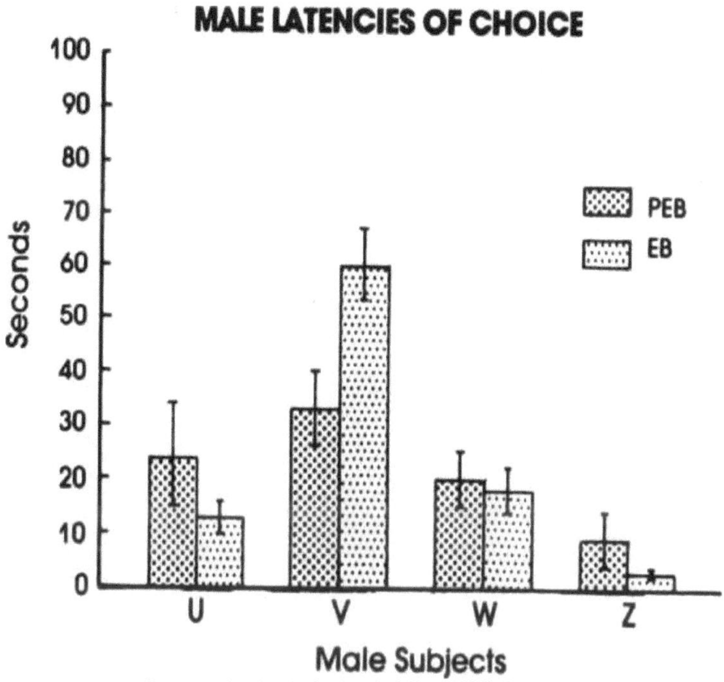

Figure 10. Comparação das latências (média + NEE) de escolha por cada homem antes (PEB) e durante (EB) o tratamento com estrogénios da Mulher (FS).

Os homens ejacularam, pelo menos uma vez, por cada escolha efectuada e não se verificou qualquer aumento dos resultados ejaculatórios quando as mulheres foram tratadas, quer fossem as próprias mulheres ou as parceiras escolhidas (Quadros 7 e 8). O efeito do tratamento é encontrado apenas como um aumento nas tentativas em direção ao PF. Quando se somam as tentativas em direção ao PF e ao FS, também se verifica um aumento significativo durante o EB (Quadros 7 e 8).

TABLE 7

Frequências, taxas ou médias de comportamentos masculinos em relação a indivíduos do sexo feminino antes (FEB) e durante (EB)o tratamento com estrogénios da FS.

Male Subjects		Head Flag		Approach		Glance		Attempt		Ejaculation	
		PEB	EB	PEB	EB	PEB	EB	PEB	EB	PEB	EB
U	Rates (Freq.)	0 (0)	0.64 (1)	1.76 (5)	1.29 (2)	4.94 (14)	7.74 (12)	1.41 (4)	0.64 (1)	1.50	1.33
V	Rates (Freq.)	3.36 (14)	2.87 (20)	2.86 (11)	2.87 (20)	8.31 (32)	6.18 (43)	0.51 (2)	1.15 (8)	1.00	1.00
W	Rates (Freq.)	0.43 (1)	0.46 (1)	0.43 (1)	2.86 (6)	5.56 (13)	7.96 (17)	0.43 (1)	1.87 (4)	1.00	1.50
Z	Rates (Freq.)	0 (0)	0 (0)	2.72 (3)	0 (0)	9.09 (10)	2.62 (1)	0 (0)	0 (0)	1.00	1.33

TABLE 8

Frequências, taxas ou médias dos comportamentos masculinos em relação às parceiras antes (FEB) e durante (EB)o tratamento com estrogénios das mulheres.

Male Subjects		Head Flag		Approach		Glance		Attempt		Ejaculation	
		PEB	EB	PEB	EB	PEB	EB	PEB	EB	PEB	EB
U	Rates (Freq.)	2.47 (7)	0 (0)	2.82 (8)	2.58 (4)	6.70 (19)	8.38 (13)	0.35 (1)	3.22 (5)	2.00	1.75
V	Rates (Freq.)	1.03 (4)	1.58 (11)	2.07 (8)	2.44 (17)	6.75 (26)	5.17 (36)	0.77 (3)	1.15 (8)	1.00	1.00
W	Rates (Freq.)	0 (0)	0 (0)	1.73 (4)	1.87 (4)	5.21 (12)	7.50 (16)	0.43 (1)	0.46 (1)	1.00	1.00
Z	Rates (Freq.)	0 (0)	0 (0)	2.72 (3)	5.21 (2)	4.54 (5)	5.21 (2)	0.90 (1)	2.60 (1)	1.00	1.33

Dos comportamentos femininos considerados, apenas os presentes apresentam um padrão constante em relação ao tratamento hormonal. As frequências e as taxas por minuto aumentam em seis das sete mulheres durante o tratamento com EB, embora os resultados só se tornem estatisticamente significativos quando a mulher B é excluída da análise (Quadro 9). Muito interessante, em vez disso, é o aumento significativo encontrado em todas as sete parceiras na sua frequência e taxa por minuto de presentes durante o tratamento EB das mulheres (Tabela 10). No entanto, quando se comparam os presentes de FS e FP durante o tratamento com EB, não se encontra qualquer diferença entre as duas categorias. Verifica-se uma tendência para diminuir durante o EB nas aproximações de FS e PF e nos olhares de FS em cinco dos sete pares FS-FP.

TABLE 9

Frequências e taxas de comportamentos das mulheres antes (PEB) e durante o tratamento com estrogénios (EB).

Female Subjects		Present		Approach		Glance	
		PEB*	EB*	PEB	EB	PEB	EB
A	Rates (Freq.)	0 (0)	1.53 (2)	3.15 (7)	3.84 (5)	5.41 (12)	5.38 (7)
B	Rates (Freq.)	2.30 (2)	0 (0)	8.07 (7)	5.71 (6)	8.07 (7)	4.76 (5)
C	Rates (Freq.)	3.18 (6)	3.30 (7)	4.24 (8)	3.30 (7)	4.77 (9)	6.61 (14)
D	Rates (Freq.)	1.51 (2)	1.78 (3)	2.27 (3)	1.78 (3)	9.11 (12)	4.15 (7)
G	Rates (Freq.)	0 (0)	0.58 (1)	4.99 (4)	2.35 (4)	11.25 (9)	5.29 (9)
H	Rates (Freq.)	2.95 (3)	3.12 (5)	2.95 (3)	1.87 (3)	8.85 (9)	4.37 (7)
L	Rates (Freq.)	0.50 (1)	1.27 (2)	1.51 (3)	2.55 (4)	5.54 (11)	8.29 (13)

1 Wilcoxon matched-pairs signed-rank test T=0; N6 (excluindo a fêmea B); P<0,02 para o teste unilateral.

TABLE 10

Frequências e taxas de comportamentos dos parceiros femininos antes (PEB) e durante (EB) o tratamento com estrogénios em indivíduos do sexo feminino.

Female Partner		Present		Approach		Glance	
		PEB*	EB*	PEB	EB	PEB	EB
A	Rates (Freq.)	0 (0)	2.30 (3)	1.80 (4)	6.15 (8)	2.70 (6)	11.53 (15)
B	Rates (Freq.)	0 (0)	0.95 (1)	6.92 (6)	8.57 (9)	8.07 (7)	7.61 (8)
C	Rates (Freq.)	1.59 (3)	1.88 (4)	1.59 (3)	2.36 (5)	4.77 (9)	6.61 (14)
D	Rates (Freq.)	0 (0)	1.18 (2)	3.03 (4)	1.78 (3)	3.79 (5)	4.15 (7)
F	Rates (Freq.)	0.50 (1)	2.55 (4)	3.52 (7)	3.19 (5)	5.54 (11)	7.02 (11)
G	Rates (Freq.)	0 (0)	0.58 (1)	2.49 (2)	2.35 (4)	9.99 (8)	4.72 (8)
H	Rates (Freq.)	4.91 (5)	4.99 (8)	5.90 (6)	4.37 (7)	9.83 (10)	6.87 (11)

Wilcoxon matched-pairs signed-rank test T=0; N=7; P<0,01 para teste unicaudal.

10.5. DISCUSSÃO

Os resultados das duas experiências em conjunto indicam que o comportamento sexual do macaco vervet é sensível às hormonas dos ovários. Também indicam que as alterações hormonais influenciam os comportamentos femininos e não as respostas masculinas. A primeira experiência deste capítulo (Experiência 2) foi concebida para elucidar os efeitos hormonais na motivação sexual feminina. O principal parâmetro escolhido para representar a motivação sexual feminina foi a escolha entre um parceiro feminino e um parceiro masculino. Os machos revelaram-se, em grande medida, o parceiro preferido das fêmeas em condições anormonais, uma vez que eram escolhidos com mais frequência e recebiam mais atenção visual do que as fêmeas. Além disso, os machos foram repetidamente escolhidos mesmo por fêmeas em que a condição anormonal de longa data as fez sangrar e, presumivelmente, sentir dor após as tentativas de cópula dos machos, como no caso das fêmeas F e D. Uma preferência por parceiros masculinos em vez de femininos, independentemente das condições hormonais da fêmea, também foi encontrada em pesquisas anteriores (Experiência 1; Girolami, 1985). A preferência por parceiros masculinos sugere, assim, que as fêmeas são atraídas pelos machos e estão motivadas para copular, mesmo quando não têm hormonas. Por conseguinte, tal como se reflecte na escolha dos machos, a motivação feminina mostra apenas uma ligeira sensibilidade ao tratamento com estrogénios. A escolha de parceiros masculinos deve refletir um interesse no macho e não um ato de submissão ao parceiro mais forte, uma vez que as fêmeas controlavam o acesso a qualquer um dos companheiros e os machos não tinham conhecimento da identidade do animal do lado, ou seja, da fêmea. A este respeito, sugere-se que o controlo do acesso a um parceiro masculino, quer parcial (Experiência 1; Girolami, 1985) quer total, não tem um efeito facilitador no desempenho dos comportamentos proceptivos femininos nesta espécie, como indicado para outras. É possível, no entanto, que a manifestação do interesse sexual da fêmea em relação ao ciclo ovárico seja facilitada pelo controlo feminino do acesso do macho, principalmente nas espécies em que o macho é dominante sobre a fêmea e em que podem ocorrer acasalamentos forçados (Nadler, 1977; Nadler e Miller, 1982). No macaco vervet, os machos não são, regra geral, dominantes sobre as fêmeas, possivelmente devido a uma redução dos caninos e ao dimorfismo do tamanho do corpo (Hill, 1966; Lancaster, 1971; Rowell, 1971; Whitten, 1984).

Na Experiência 2, a velocidade de escolha por FS, mais do que qualquer outro parâmetro considerado, mostrou sensibilidade ao estrogénio. Este resultado está de acordo com uma latência de escolha mais curta na fase folicular tardia encontrada em macacos rhesus fêmeas em condições experimentais semelhantes (Bonsall et al, 1978).

A experiência 3 foi concebida para mostrar se o estrogénio afectava a atratividade da fêmea. Se a atratividade da fêmea e a sua relação com o estrogénio forem avaliadas a partir dos resultados da escolha do companheiro e da frequência ejaculatória, de acordo com os critérios elucidados por Beach (1976) e revistos em primatas por Dixson (1983c) e Hrdy e Whitten (1987), parece que a capacidade de atrair e excitar os machos não depende do estrogénio nas fêmeas de vervete. Verificou-se uma tendência para as fêmeas tratadas com estrogénio na escolha do macho, mas o outro parâmetro de excitação do macho - frequência ejaculatória - foi o mesmo para as fêmeas tratadas e não tratadas, nas duas experiências. Estes resultados estão de acordo com trabalhos anteriores (Experiência 1; Girolami, 1985) em que nem todas as medidas de excitação masculina foram afectadas pelo tratamento com EB. Uma vez que não foi observada qualquer alteração nas suas peles sexuais, é improvável que o períneo das fêmeas tenha actuado como um estímulo atrativo, sobretudo tendo em conta que, nas espécies que apresentam uma elaboração perineal sensível aos estrogénios, este é um estímulo poderoso (Girolami e Bielert, 1987). Em vez disso, deve ser discutido um possível envolvimento de sinais olfactivos. Os macacos vervet examinam frequentemente os órgãos genitais das fêmeas (Booth, 1962; Struhsaker, 1967a; Rowell, 1971; Henzi, 1982; Whitten, 1984; Girolami, 1985) mas, na presente experiência, nunca tentaram cheirar os órgãos genitais das fêmeas antes de fazerem uma escolha. Embora a divisória de Perspex, que podia ser levantada, pudesse ter interrompido o fluxo direto de ar, a gaiola propriamente dita era feita de arame de malha aberta, pelo que não impedia a comunicação olfactiva. Se as pistas olfactivas fossem importantes para a excitação dos machos, como acontece nos roedores (Dessi-Fulgheri et al., 1980), o padrão de escolha deveria ter favorecido mais as fêmeas tratadas com EB. A presença de substâncias odoríferas, como o aumento dos ácidos alifáticos dependente dos estrogénios, que ocorre nas fêmeas humanas (Michael et al., 1974), não implica necessariamente que sejam utilizadas na comunicação sexual. Por outro lado, a exclusão das pistas olfactivas como estímulo necessário para a excitação masculina não elimina a possibilidade de estas serem uma fonte de informação para o macho sobre a disposição reprodutiva da fêmea. Em conclusão, parece que as fêmeas de vervete não dependem de estímulos atractivos dependentes do estrogénio para excitar os seus machos; elas são altamente atractivas em si mesmas. Tal como as fêmeas humanas, poder-se-ia dizer que elas "escondem" a sua ovulação (Andelman, 1987).

A experiência 3 revelou um efeito estrogénico nas fêmeas em termos de presentes femininos. O mesmo efeito não foi revelado pelo trabalho anterior sobre manipulação hormonal (Girolami, 1985). Foi estabelecido um efeito dos estrogénios sobre os presentes e, em geral, sobre a proceptividade nos primatas, embora este aspeto particular da sexualidade feminina esteja sujeito a outras influências que podem mascarar os efeitos das alterações endócrinas (Beach, 1976; Baum, 1983; Dixson, 1983a). Os testes de pares e as condições de espaço mínimo tendem a obscurecer o efeito hormonal sobre o comportamento proceptivo, ao passo que uma situação de grupo ou um espaço mais amplo o reforçam (Wallen, 1982; Wallen e Winston, 1984). Também nesta experiência, o aumento de presentes encontrado sugere que a dependência deste comportamento em relação ao estrogénio é facilitada nesta espécie por uma situação social, tal como é ocultada pelos testes de pares.

Na Experiência 3, concomitantemente com o aumento da frequência de presentes verificado nas fêmeas tratadas (FS), também se verificou um aumento de presentes nas suas parceiras anormonais. O ambiente social é uma variável muito poderosa que pode interferir com os efeitos hormonais nos comportamentos proactivos. Os comportamentos proactivos são suprimidos nalgumas fêmeas, mesmo quando se encontram em condições hormonais "adequadas", ou seja, na fase folicular tardia ou quando são tratadas com estrogénios, e reforçados noutras que não se encontram em condições hormonais "adequadas" (Everitt e Herbert, 1969; Goldfoot, 1971; Zumpe e Michael, 1985). Numa situação de grupo pequeno, esta situação pode resultar na monopolização do comportamento sexual por uma fêmea (Herbert, 1968; Everitt e Herbert, 1969), que mais tarde se verificou ser a fêmea com melhor classificação (Goldfoot, 1971; Bowman et al., 1978; Keverne et al., 1982; Zumpe e Michael, 1985; Abbot et al., 1986). Numa situação de grupo pequeno, muitas vezes com apenas um macho, é lógico atribuir este fenómeno à competição entre fêmeas, como fizeram Zumpe e Michael (1985). Sabe-se que as fêmeas de primatas estabelecem uma hierarquia de dominância através da qual regulam o acesso aos recursos. Verificou-se que as fêmeas de macacos vervet estabelecem uma hierarquia e competem por uma série de recursos, com as fêmeas de alto nível a obterem acesso privilegiado a alimentos, água, parceiros de higiene e machos (Lancaster, 1971; Rowell, 1971; Seyfarth, 1980; Wrangham e Waterman, 1981; Wrangham, 1981; Whitten, 1984). Também preferem copular com machos alfa, como no macaco talapoin, e as fêmeas dominantes têm demonstrado ter mais sucesso do que as subordinadas na interação com machos alfa (Keverne et al.,1982; Keddy, 1986; Andelman, 1987). Foram registados aumentos nas interações com o macho para as fêmeas dominantes a meio do ciclo e observou-se que as fêmeas dominantes copulam e dão à luz mais cedo na estação (Rowell, 1971; Whitten, 1984). Neste ponto, é interessante notar que, na Experiência 2, das quatro fêmeas que escolheram outras fêmeas, três eram as mais dominantes (B, C e D, por ordem de classificação), sendo que a fêmea alfa escolheu quase exclusivamente outras fêmeas. A fêmea B também nunca entrou primeiro no compartimento da outra fêmea, mas manteve a porta levantada e depois andou em círculos à volta da outra fêmea ou andou de um lado para o outro com a cauda levantada, numa exibição vermelho-branco-azul, como Struhsaker (1967a) descreveu para os machos dominantes.

O mecanismo comportamental através do qual a monopolização sexual é conseguida não é claro (Abbott, 1987). Apenas foram registados alguns episódios de agressão aberta ou de suplantação por parte das fêmeas dominantes (Keverne et al., 1982; Abbot, 1987; Harcourt, 1987). As subordinadas foram descritas como se "...assegurassem *o seu próprio celibato*" (Abbott et al., 1986, p.336), evitando os machos. Nos macacos-vervet, observou-se que as fêmeas subordinadas, evitando as fêmeas de nível superior, lhes permitiam monopolizar recursos alimentares restritos (Whitten, 1984), e que as fêmeas subordinadas a meio do ciclo evitavam as fêmeas mais dominantes (Rowell, 1971). Struhsaker (1967b) registou também uma notável ausência de agressividade em vervetes que competem por recursos vitais limitados. De facto, quando foram registadas ameaças e ataques ou substituições de um macho, estas ocorreram quando os grupos se formaram e as hierarquias tiveram de ser estabelecidas ou quando as fêmeas subordinadas estavam (fisiologicamente) mais propensas a interagir com os machos, em resultado de manipulação hormonal ou a meio do ciclo (Herbert, 1968; Everitt e Herbert, 1969; Goldfoot, 1971; Wallen e Winston, 1974; Floody, 1983; Zumpe e Michael, 1985; Abbott, 1984, 1986; Harcourt, 1987). Normalmente, a fêmea dominante mostra níveis elevados de presentes e comportamentos afiliativos quando estes diminuem nos subordinados (Herbert, 1968; Everitt e Herbert, 1969; Goldfoot, 1971; Zumpe e Michael, 1985). Parece, neste momento, que o aumento da proceptividade exibido pela fêmea dominante se deve à supressão de comportamentos proceptivos nos subordinados, causada principalmente pela evitação da dominante e da sua possível agressão e também como um agonismo ativo, pela fêmea dominante, no comportamento proceptivo. Em certos casos, não só o comportamento feminino é suprimido, mas também a fisiologia reprodutiva feminina e, em última análise, a fertilidade, através da inibição hipotalâmica da produção da hormona libertadora de gonadotropinas (GnRH), da supressão do pico da hormona luteinizante (LH) e, consequentemente, da ovulação. Este fenómeno é predominante na Nova

Macacos do mundo (Bowman et al., 1978; Keverne et al., 1982; Abbott, 1984, 1986, 1987; Harcourt, 1987; French et al., 1984). O aumento dos comportamentos proceptivos encontrados nas fêmeas anormonais durante a Experiência 3 é semelhante, de certa forma, ao encontrado no fenómeno, acima mencionado, de monopolização do comportamento sexual. Neste caso, o aumento de presentes nas Companheiras parece ser desencadeado pelo aumento induzido pelo estrogénio nos comportamentos proceptivos das Sujeitas Femininas. Uma explicação possível é que, neste caso, as fêmeas tinham uma posição semelhante, pelo que a inibição gerada pelo dominante-subordinado não estava presente, deixando as duas fêmeas livres para se comportarem melhor do que a outra. Sugere-se que o principal mecanismo comportamental através do qual a competição entre parceiros é levada a cabo, bem como a supressão comportamental ou fisiológica, resultando em infertilidade, é um concurso de desempenho de comportamentos proceptivos.

Para monopolizar o sexo, as fêmeas precisam da colaboração dos machos. Os machos parecem sentir-se muito atraídos pelas fêmeas dominantes e dedicam-lhes a maior parte da sua atenção sexual, mesmo quando, nas espécies que apresentam estímulos de excitação induzidos por estrogénios, estes estão ausentes e os machos não conseguem ejacular (Herbert, 1968; Everitt e Herbert, 1969; Goldfoot, 1971; Keverne et al., 1982; Zumpe e Michael, 1985; Harcourt, 1987). No macaco vervet, foi relatado que as fêmeas dominantes recebem o maior número de montarias, aproximações e investigações genitais e o menor número de afastamentos por parte dos machos (Whitten, 1984; Keddy, 1986). É possível que as fêmeas dominantes sejam mais atraentes devido aos elevados níveis de comportamentos proceptivos que apresentam. Goldfoot (1981, 1982) demonstrou que a EB aumenta a probabilidade de uma fêmea rhesus iniciar a interação copulatória e que os machos não são muito bem sucedidos na cópula, a menos que a fêmea inicie a interação. Andelman (1987) registou apenas uma probabilidade de 0,4 de sucesso masculino para uma tentativa de cópula de um macho em macacos vervet. Sabe-se também que as fêmeas de macacos vervet atacam os machos que as solicitam (Struhsaker, 1967a; Rowell, 1971; Girolami, 1985; Keddy, 1986; Andelman, 1987; Smuts, 1985). Se for esse o caso, os machos devem estar preparados para avaliar o momento de responder à fêmea. O aumento da frequência de apresentação de PF e FS significa que eles se apresentaram mais rapidamente por unidade de tempo. Este aumento da rapidez está de acordo com a escolha mais rápida que fizeram na Experiência 2 e sugere que os machos também precisavam de um tempo mais curto para fazer uma escolha, o que, em três dos quatro casos, aconteceu. O quarto macho, V, era provavelmente o menos experiente e mostrou frequências copulatórias mais longas também noutras experiências (Experiência 1; Girolami, 1985, não publicado). Confrontado com duas fêmeas altamente solícitas, ele pode ter tido dificuldade em escolher. De facto, a sua latência durante a EB foi ainda maior. O aumento das tentativas durante a EB, demonstrado por todos os machos, também sugere uma maior dificuldade em fazer uma escolha. Sugere-se então que as fêmeas foram escolhidas com base no seu comportamento proceptivo, mais especificamente, na prontidão com que solicitaram, como indicado pelo aumento de presentes e pelas latências de escolha dos machos.

Em conclusão, os comportamentos femininos mostram uma sensibilidade às hormonas ováricas e os comportamentos de procepção são aumentados pelo estrogénio, embora também estejam sujeitos a modulação social. Os machos, para copularem, parecem confiar no comportamento feminino, provavelmente auxiliados por pistas olfactivas induzidas pelo estrogénio na sua avaliação. Juntamente com provas de investigações anteriores (Girolami, 1985), parece então que, embora a ocorrência da cópula não dependa das hormonas ováricas femininas, a presença de estrogénio aumenta a probabilidade da sua ocorrência. No entanto, em última análise, a cópula é controlada por factores sociais.

CAPÍTULO 4

O BEBÉ DE CHACMA (Papio ursinus) - INCHAÇO PERINEAL FEMININO E SEUS EFEITOS NA AROUSALIDADE SEXUAL MASCULINA - EXPERIMENTAÇÃO 4

4.1. INTRODUÇÃO

O trato reprodutor feminino é um alvo proeminente das hormonas femininas. A nível celular, foram identificados receptores nucleares e citosómicos de estrogénio e progesterona em vários locais do trato urogenital e, em particular, no útero, nos ovidutos e na pele sexual de várias espécies de primatas (Chrousos et al, 1984; West e Brenner, 1983; Kato et al., 1980; Onouchi e Kato, 1983; Ozasa e Gould, 1982; McClellan et al., 1984, 1986; Weaker et al., 1983; Potgieter et al., 1985). A ligação hormonal em locais específicos é a causa de uma série de fenómenos que ocorrem no trato reprodutor feminino dos mamíferos.

Conhecemos já os efeitos proliferativos dos estrogénios, nomeadamente do estradiol 17B, sobre o endométrio (Blum, 1985) e o modo como os mesmos estrogénios induzem alterações quantitativas e qualitativas nas células epiteliais e na mucosa vaginal e cervical, de tal modo que estas últimas alterações são frequentemente consideradas na deteção do estro e da ovulação iminente (D'Souza, 1978; Birnberg et al., 1963).

Um fenómeno mais dramático relacionado com a atividade ovárica é a perfuração e o encerramento periódico da vagina que ocorre nos roedores miomorfos, sciuromorfos e histricomorfos (Rowlands e Weir, 1984) e, entre os primatas, nos prossímios (Hrdy e Whitten, 1987).

O fecho da vagina é obtido pela formação de uma membrana produzida por hiperplasia e fusão epitelial. Na Galago crassicaudatus e na G. senegalensis, o fecho da vagina seguiu-se a uma ovariectomia permanente e foi também induzido pela administração de progesterona (Girolami e Bielert, inédito; Lipschitz, 1988), ao passo que a perfuração e a cornificação do epitélio vaginal foram obtidas por um tratamento subsequente com benzoato de estradiol (Girolami e Bielert, inédito; Dixson, 1978;

Lipschitz, 1988).

Semelhante aos fenómenos acima referidos, na medida em que envolve os genitais externos, é a tumescência que, em vários graus de áreas envolvidas, inflação e eritema, se encontra em muitas fêmeas de mamíferos em estro. As mais espectaculares são encontradas em alguns mustelídeos e em toda a ordem dos primatas (Rowlands e Weir, 1984). Nos primatas, este fenómeno foi estudado em pormenor e Dixson (1983c) analisou toda a informação disponível sobre a distribuição das tumefacções da pele sexual na ordem, a morfologia, a anatomia e a fisiologia da pele sexual e apresentou uma hipótese sobre a sua evolução. Em resumo, as fêmeas de algumas catarrinas desenvolveram uma pele perineal especializada que é sensível ao estado reprodutivo da fêmea. Responde aos estrogénios circulantes com edema e/ou eritema, enquanto a progesterona antagoniza estes efeitos.

Se uma tumescência vulvar é aceitável para nós como uma preparação do trato genital para o coito, análoga e provavelmente homóloga ao mecanismo de perfuração vaginal, é mais difícil aceitar e compreender o desenvolvimento de estruturas muito maiores e mais elaboradas que existem no colobo, mangabeu, babuíno, chimpanzé e chimpanzé pigmeu (Dixson, 1983c; Dahl, 1985), a não ser que se invoque uma função comunicativa.

Já em 1876, Darwin postulava que a pele sexual tinha evoluído como um atrativo sexual. Pocock (1906) reconheceu uma função afrodisíaca do inchaço do babuíno e, em geral, este conceito foi amplamente aceite e alargado a supostos estímulos de libertação sexual na fêmea humana (Goodhart, 1964; Wickler, 1967; Eibl-Eibelsfeldt, 1975). Desmond Morris (1967), em "The Naked Ape", colocou a hipótese de que os seios e as nádegas humanas evoluíram como sinais sexuais análogos ao períneo inchado. A aceitação desta hipótese, no entanto, baseia-se apenas em "A *wealth of circumstantial evidence...*", como refere Dixson na sua recensão (1983c, p.70).

O babuíno chacma (*Papio ursinus*) apresenta a maior dilatação da pele do sexo entre os primatas (Rowell, 1972) e, por conseguinte, pode ser considerado o melhor objeto de investigação da função comunicativa desta estrutura.

Em muitas das espécies que apresentam este fenómeno, foi observada uma associação positiva entre fêmeas inchadas e comportamento sexual (Dixson, 1983c; Hrdy e

Whitten, 1987; Rowell, 1972). Nos babuínos chacma selvagens e testados em laboratório, verificou-se que as cópulas eram mais frequentes com o aumento do tamanho do inchaço (Bielert, 1986; Saayman, 1970; Hall e DeVore, 1965; Hall, 1962). Em *P. cynocephalus*, a atividade masturbatória dos machos aumentou proporcionalmente ao número de fêmeas inchadas presentes no grupo (Hausfater, 1975), o que indica que os machos se encontravam num estado de excitação elevado. Recentemente, Bielert e os seus colaboradores demonstraram claramente que a excitação dos machos, que se reflecte no aumento das cópulas, da masturbação e dos níveis de testosterona, está positivamente correlacionada com a turgescência perineal das fêmeas nos babuínos chacma (Bielert, 1982; Bielert et al., 1980; Bielert e van der Walt, 1982; Bielert e Girolami, 1986). Em contrapartida, quando as fêmeas estavam escondidas atrás de ecrãs, mas ainda em contacto auditivo e olfativo, não se verificou qualquer alteração do estado de excitação dos machos. Este facto sugere que a excitação masculina é mediada apenas por uma pista visual (Bielert, 1982).

Em muitos mamíferos, os estrogénios são responsáveis por alterações dramáticas nos comportamentos proceptivos e receptivos das fêmeas. Estas alterações comportamentais têm sido frequentemente consideradas como factores importantes que induzem a resposta masculina (Beach,

1976). No caso das fêmeas de primatas, as alterações comportamentais aquando da ovulação são evidenciadas em vários graus (Baum, 1983), principalmente como um aumento da frequência das chamadas "solicitações" normalmente apresentadas no repertório comportamental (ver Hrdy e Whitten, 1987, para uma panorâmica geral). No babuíno, foram registadas alterações no comportamento feminino ao longo do ciclo menstrual em P. cynocephalus (Hausfater, 1975; Hausfater e Skoblick, 1985), P. anubis (Rowell, 1967; Rowell, 1969) e P. ursinus (Saayman, 1970; Bielert et al., 1986; Bielert e Girolami, 1986). Em P. anubis e P. ursinus, tanto em cativeiro como em liberdade, os presentes foram mais frequentes nas fêmeas inchadas (Rowell, 1967; Saayman, 1970; Bielert, 1986). Verificou-se que a presença e os estalos labiais aumentam no babuíno chacma também na nossa situação de teste, desde as fases foliculares iniciais até às fases ovulatórias do ciclo (Bielert e Girolami, 1986). Por conseguinte, a dificuldade prática de isolar as pistas visuais, fornecidas pela pele sexual inchada, das pistas dos comportamentos induzidos pelos estrogénios tem impedido até agora uma avaliação exacta da importância comunicativa da elaboração perineal. Esta experiência teve como objetivo testar a eficácia da elaboração perineal na excitação masculina na ausência de modulação hormonal dos comportamentos femininos.

4.2. MATERIAIS E MÉTODOS

4.2.1. Temas

Seis babuínos chacma fêmeas ovariectomizadas, A-3, A-4, B-1, Jez, Jp-1456, VP-4, e nove machos, A, B, C, E, F, G, H, BKA 278 e BKA 160, foram utilizados nesta experiência. As fêmeas eram pardas e tinham sido ovariectomizadas há vários anos. Três dos machos, A, B e C, eram vasectomizados. Todos os indivíduos foram capturados em estado selvagem quando adultos, no Transvaal do Norte, perto de Vaalwater, e estiveram em cativeiro durante vários anos. O peso corporal completo, a dentição e a descida dos testículos constituíram o critério para a determinação da maturidade sexual dos machos, ao passo que os ciclos períneo-menstruais regulares e o alongamento dos mamilos, bem como o peso corporal completo e a dentição, constituíram o critério para a determinação da maturidade sexual e da paridade das fêmeas. Não existe informação disponível sobre os animais antes da captura, mas presume-se que todos receberam uma socialização típica da espécie. Em nenhum momento os animais foram envolvidos em qualquer experiência para além da descrita.

4.2.2. Habitação

Todos os animais foram alojados na Unidade Frankenwald do Serviço Central de Animais da Universidade de Witwatersrand. Durante toda a experiência, os animais foram colocados em gaiolas individuais (91x91x190 cm), cada uma com uma prateleira para se sentarem, e situadas numa sala com janelas e painéis de fibra de vidro no teto que permitiam a exposição a ciclos de luz natural. Um sistema de aquecimento por piso radiante mantinha uma temperatura mínima de 18° C.

4.2.3. Ensaios e aparelhos

Os nove machos estavam dispostos nos três lados da sala e virados para uma gaiola que continha uma das seis fêmeas, que estava à vista de todos os machos (para mais pormenores, ver Bielert, 1982). A fêmea foi deixada com os machos durante um total de oito dias. Para cada fêmea, o comportamento foi observado durante 30 minutos por dia durante os oito dias de teste. Durante os quatro primeiros dias, as fêmeas foram observadas com a perina não inchada (PRESWELL). No quarto dia, após a observação comportamental, as fêmeas foram sedadas com cloridrato de cetamina (7,5 mg/kg, IM) e equipadas com um modelo de períneo em plástico moldado (Figura 11) que

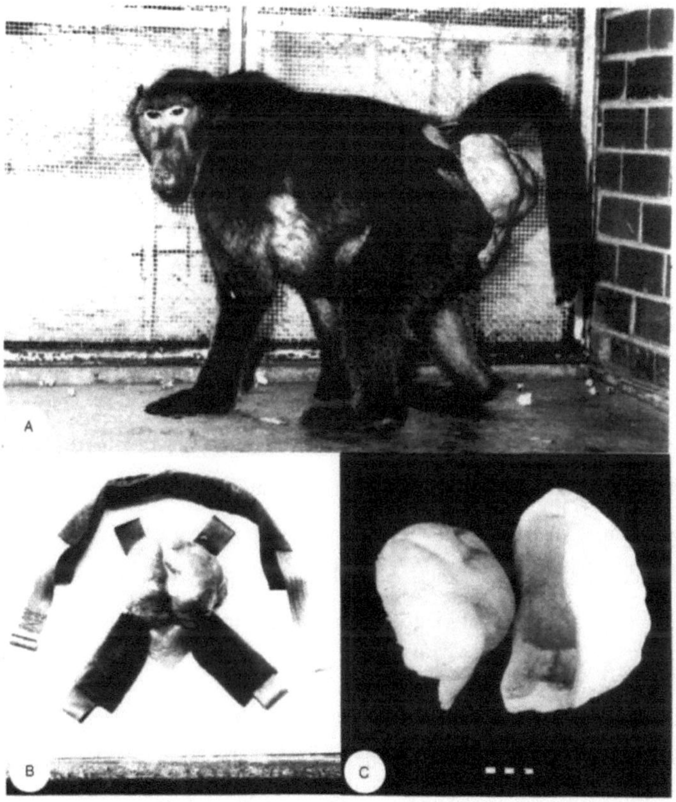

Figura 11. (A) Um dos sujeitos experimentais usando o modelo perineal.
(B) O modelo perineal e o arnês.
(C) O modelo tal como saiu do molde.

reproduzia em pormenor uma pele sexual completamente inchada. O modelo de plástico foi obtido através da anestesia (ver acima) de uma fêmea completamente inchada e da recolha de uma impressão em gesso de Paris do seu períneo, que foi depois utilizada para moldar
o inchaço artificial com material termoplástico para talas. Por fim, foi pintado com uma combinação de tinta a óleo vermelha e branca para imitar a coloração natural. O modelo foi mantido em posição por um cinto ajustável e duas correias de nylon cinzento acolchoadas com espuma. O períneo do modelo foi bem tolerado pelas fêmeas, que não mostraram sinais de angústia. A observação dos comportamentos das fêmeas foi retomada no dia seguinte e prosseguiu durante mais quatro dias (SWELL). O nível de excitação sexual de cada macho foi registado durante os oito dias de teste. A resposta dos machos a cada fêmea foi medida através da pontuação da ocorrência diária de emissões seminais coaguladas resultantes da masturbação, o mesmo sistema adotado anteriormente por Bielert et al. (1980) para avaliar a excitação dos machos em condições experimentais semelhantes. Não tem em conta a frequência real da masturbação, mas apenas a presença ou ausência diária de emissões seminais como prova de masturbação. Devido à variabilidade inter-individual na frequência masturbatória, considerou-se que esta era uma avaliação mais exacta de um estado "psicofisiológico" como a excitação sexual. Quando um grupo de machos enjaulados individualmente é alojado em conjunto na ausência de uma fêmea, estas emissões seminais são um fenómeno muito raro ao longo do ano (Bielert et al., 1980). Com a introdução de uma fêmea cicladora, os machos apresentam um aumento significativo das emissões seminais apenas na altura da turgescência máxima do períneo da fêmea (Bielert e van der Walt, 1982; Bielert e Girolami, 1986). As observações foram efectuadas num total de 48 testes durante um período de 3 meses.

4.2.4. Pontuação

Devido à excitabilidade dos machos, quando são expostos a uma fêmea completamente inchada, e à relativa falta de familiaridade do observador com os sujeitos, o observador sentou-se atrás de um ecrã contendo um espelho unidirecional que proporcionava uma boa visão do sujeito experimental. Os comportamentos das fêmeas foram registados numa folha de pontuação dividida em intervalos de cinco minutos. O tempo foi cronometrado por meio de um cronómetro.

4.2.5. Medidas pontuadas

Apresenta: Postura quadrúpede em que a fêmea orienta o seu períneo em direção a outro animal, com um movimento de balanço dos quartos traseiros. Um presente pode ser acompanhado de um olhar fixo "Contacto visual", com a fêmea a virar a cabeça para o indivíduo a quem o presente é dirigido. Um presente é também muitas vezes acompanhado de "estalos labiais".

Estalos labiais: Estalar os lábios enquanto se olha para outra pessoa. O estalar dos lábios é mais frequentemente audível, mas também pode ser silencioso. É normalmente acompanhado de retração das sobrancelhas e das orelhas e de "contacto visual".

Emissões seminais: Ejaculado solidificado, visível no chão por baixo da gaiola, resultante da masturbação, cuja presença era registada diariamente para cada macho antes da limpeza do chão da sala. Este sistema (seguindo Bielert et al., 1980) provou ser uma medida fiável da excitação sexual masculina nestas condições experimentais.

4.2.6. Habituação

As mulheres, já familiarizadas com os homens e com a situação experimental, foram transferidas para a sala experimental cerca de uma semana antes do início dos testes.

4.2.7. Análise estatística

Devido à baixa frequência de presentes, os presentes e os estalos labiais foram combinados numa nova categoria denominada "Solicitações". As frequências médias de solicitações e as ocorrências médias de emissões seminais foram analisadas através de um teste de Wilcoxon de pares sinalizados e as correlações foram testadas com o coeficiente de correlação de Spearman (Siegel, 1956).

4.3. RESULTADOS

O comportamento das fêmeas não foi significativamente afetado pelo inchaço (quadro 11). De facto, de uma média por fêmea, por meia hora, de 10,83 durante o período PRESWELL, esta média diminuiu ligeiramente para 9,12 durante o período SWELL. A frequência dos presentes, por si só, também não foi significativamente diferente entre os dois períodos de teste (número médio de presentes por fêmea por meia hora de 0,20 durante o PRESWELL e de 0,25 durante o SWELL). Em contrapartida, o comportamento dos machos alterou-se drasticamente quando as fêmeas usaram o inchaço artificial (quadro 12 e figura 12). Na primeira parte dos testes, quando as fêmeas não estavam a usar a prótese, 22% dos machos produziram emissões seminais; na segunda parte dos testes, quando as fêmeas usavam o edema artificial, 89% dos machos fizeram-no. Além disso, as emissões seminais aumentaram, de uma média por macho por dia de 0,01 para uma média de 0,19, assim como o número de fêmeas às quais os machos responderam. Apenas três fêmeas (50%) provocaram uma resposta masculina durante o PRESWELL, enquanto 6 (100%) o fizeram durante o SWELL. A resposta masculina não foi correlacionada com nenhum dos comportamentos femininos (Tabela 11 e Figura 13). Nem a fêmea que efectuou o maior número de solicitações (A-3), nem a que apresentou a maior frequência de presentes sozinha (A-4), provocaram a maior resposta dos machos.

QUADRO 11

Frequências e valores médios dos comportamentos femininos (apresentados entre parênteses), respostas masculinas e percentagens de respondentes masculinos por mulher antes (PRESWELL) e durante (SWELL) a aplicação do modelo perineal.

	PRESWELL					SWELL				
Female Identification	Female Behaviour *		Male Response		Male Responders	Female Behaviour *		Male Response		Male Responders
	(Freq)	($\bar{x} \pm$ SD)	(Freq)	($\bar{x}$)	(%)	(Freq)	($\bar{x} \pm$ SD)	(Freq)	($\bar{x}$)	(%)
A-3	86	21.50 ± 7.18	1	0.02	11.11	62	15.50 ± 3.10	3	0.08	22.22
A-4	(2) 41	10.25 ± 8.73	1	0.02	11.11	(5) 71	17.75 ± 7.27	8	0.22	44.44
B-1	45	11.25 ± 3.30	2	0.05	11.11	19	4.75 ± 2.51	4	0.11	11.11
JEZ	1	0.25 ± 0.50	0	0	0	5	1.25 ± 1.25	10	0.27	44.44
JP-1456	43	10.75 ± 3.86	0	0	0	(1) 17	4.25 ± 2.06	7	0.19	55.55
VP-4	(3) 44	11.00 ± 2.16	0	0	0	45	11.25 ± 3.30	13	0.36	66.66
Total	260	10.83 ± 6.72	4	0.01	-	219	9.12 ± 6.70	45	0.20	-

* Wilcoxon matched-pairs signed-rank test T = 8.5; N = 6; N.S.

QUADRO 12

Ocorrências e valores médios da resposta masculina e percentagem de fêmeas que suscitam a resposta masculina antes (PRESWELL) e durante (SWELL) a aplicação do modelo perineal.

Male Identification	PRESWELL			SWELL		
	Male response *		Females eliciting male response	Male response *		Females eliciting male response
	(Freq)	($\bar{x}$)	(%)	(Freq)	($\bar{x}$)	(%)
A	0	0	0	0	0	0
B	3	0.12	33.33	16	0.66	100.00
C	0	0	0	14	0.53	83.33
E	1	0.04	16.66	2	0.08	33.33
F	0	0	0	3	0.12	33.33
G	0	0	0	3	0.12	33.33
H	0	0	0	5	0.20	50.00
BKA 278	0	0	0	1	0.04	16.66
BKA 160	0	0	0	1	0.04	16.66
Total	4	0.01	-	45	0.19	-

* Wilcoxon matched-pairs signed-rank test T = 0; N = 8; $p < 0.005$ for one-tailed test.

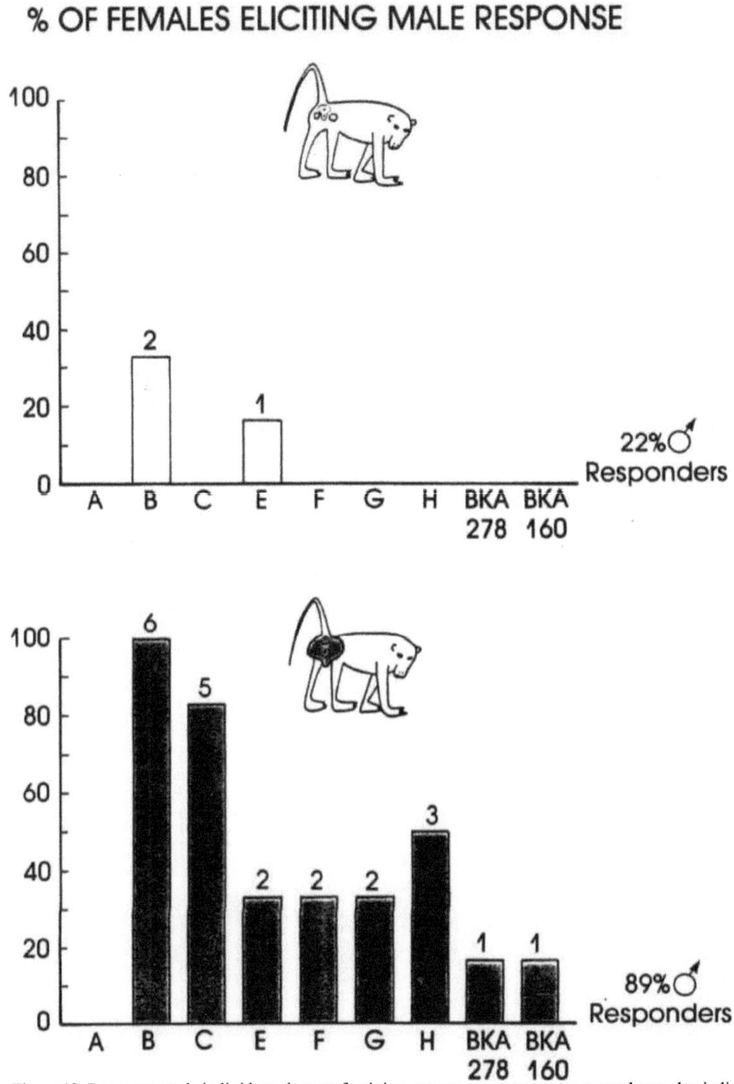

Figura 12. Percentagem de indivíduos do sexo feminino que provocam respostas em cada um dos indivíduos do sexo masculino durante o PRESWELL e o SWELL.

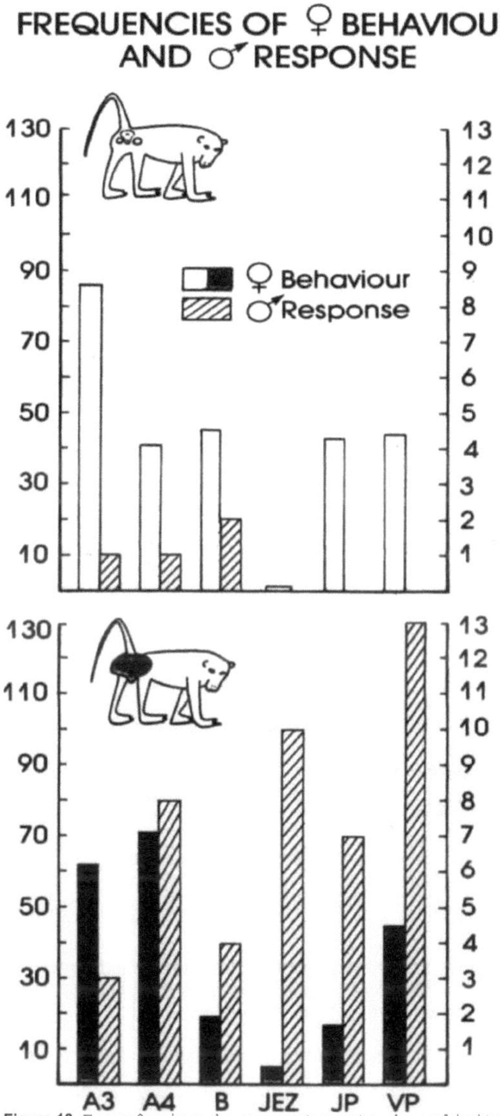

Figura 13. Frequências do comportamento de solicitação das fêmeas em relação à ocorrência de resposta dos machos durante o PRESWELL e o SWELL.

4.4. DISCUSSÃO

A frequência do comportamento das fêmeas foi semelhante à das fêmeas ovariectomizadas em condições experimentais semelhantes (Bielert e Girolami, 1986) e não foi afetada pelo inchaço artificial. Também a resposta dos machos mostrou níveis e padrões de variação individual comparáveis aos obtidos em condições experimentais semelhantes (Bielert e van der Walt, 1982; Bielert, 1982; e para discussão sobre variação individual, Bielert e Girolami, 1986).

Quando as fêmeas estavam a usar a prótese, os machos respondiam como se estivessem expostos a fêmeas totalmente inchadas (Bielert e Girolami, 1986; Bielert e Anderson, 1985; Bielert, 1982; Bielert e van der Walt, 1982; Bielert et al., 1980). Mostraram níveis mais elevados de masturbação e o número de inquiridos aumentou. De facto, a mudança na percentagem de respondentes é muito semelhante à encontrada noutro grupo de onze homens testados em condições experimentais semelhantes com duas fêmeas ovariectomizadas antes (18% dos respondentes) e durante (91%) o tratamento com estrogénio (Bielert et al., 1980).

O inchaço artificial tornou as fêmeas mais atraentes. Não só os níveis de resposta masculina aumentaram num maior número de machos, como também todas as fêmeas se tornaram eficazes em suscitar a resposta masculina quando usavam a prótese. Esta alteração na atratividade das fêmeas pode ser atribuída exclusivamente à aplicação do inchaço artificial. As alterações de odor induzidas por hormonas, como as encontradas em macacos rhesus (Michael e Keverne, 1968), podem ser excluídas como fator, uma vez que as fêmeas foram ovariectomizadas. Além disso, as pistas olfactivas e acústicas tinham sido anteriormente excluídas como estímulos de excitação críticos eficazes nesta situação experimental (Bielert, 1982).

Por último, não foi encontrada qualquer correlação entre o comportamento das fêmeas e a resposta dos machos.

Os resultados desta experiência confirmam uma conclusão anterior de que o inchaço do períneo é o estímulo que excita sexualmente os machos (Bielert e Girolami, 1986). O facto de não se ter encontrado anteriormente uma relação causal direta entre a tumefação da fêmea e a cópula do macho ou as investigações genitais (Rowell, 1967) deve-se provavelmente ao facto de a tumefação, enquanto estímulo, ter uma ação de priming na excitação do macho. Conclui-se, portanto, que no babuíno chacma, e possivelmente nas outras espécies que apresentam o mesmo fenómeno, o inchaço perineal tem uma função definida na comunicação sexual - é o principal elemento de atração da fêmea.

O facto de os babuínos machos responderem a uma fêmea que usava um modelo da mesma forma que respondiam a uma fêmea inchada permite algumas especulações sobre o estímulo em si e o tipo de comunicação envolvido. Os machos respondem claramente ao tamanho do inchaço. Quando os machos estão na presença de fêmeas, quer numa situação de teste de pares, quer quando lhes é permitido apenas observar, a sua resposta, em termos de ejaculações copulatórias ou masturbatórias, aumenta com o aumento do tamanho da tumefação perineal (Bielert, 1986; Bielert e Girolami, 1986; Bielert et al., 1982). De facto, parece haver um limiar constituído por um tamanho mínimo ao qual os machos começam a responder (Bielert, 1982; Bielert e van der Walt, 1982; Bielert et al. 1986) e os machos mostram uma resposta exagerada a fêmeas que desenvolveram inchaços excecionalmente grandes (Bielert e Anderson, 1985). Os níveis de testosterona dos machos aumentam juntamente com as emissões seminais aquando da simples exposição a fêmeas inchadas e parecem estar positivamente relacionados com o grau de inchaço (Bielert et al., 1980; Bielert e van der Walt, 1982). A cor do inchaço é também um fator determinante na indução da excitação masculina. Alterações da resposta masculina podem ser obtidas através da manipulação das cores dos inchaços artificiais usados pelas fêmeas, e uma resposta adequada é conseguida apenas com a cor vermelha (Bielert et al., 1989). Além disso, na ausência de fêmeas, os níveis de emissões seminais dos machos apresentam alterações sazonais que correspondem a um aumento do inchaço das fêmeas em animais selvagens que vivem na mesma região (Bielert et al., 1980).

Todas as caraterísticas apresentadas pela resposta masculina podem indicar um tipo de comunicação que implica um estímulo libertador. O inchaço do períneo da fêmea seria um estímulo libertador que provocaria (em condições naturais) a cópula do macho através da indução da excitação do macho. As interpretações actuais do conceito de libertador não restringem a resposta provocada por um libertador a um comportamento "inato" e não consideram este aspeto como qualificador do estímulo (McFarland, 1981; Heymer, 1977; McFarland, 1985; para uma lista de libertadores, ver Eibl-Eibelsfeldt, 1975). Tal como a definição descritiva de Curio de um estímulo gestual, uma definição de libertador "deixa *em aberto a questão da história do desenvolvimento da resposta no animal individual*" (Curio; citado por McFarland,

1981, p. 507). A tentativa de determinar se a reação ao inchaço por parte dos machos é inata, adquirida ou ambas está para além do âmbito desta experiência. Uma avaliação adequada dos aspectos experimentais ou inatos da reação dos machos exigiria, de facto, trabalho adicional, uma vez que nenhum dos machos deste estudo era conhecido por ser sexualmente inexperiente.

A tumefação perineal partilha certas caraterísticas com outros estímulos libertadores. Trata-se de uma estrutura anatómica muito bem diferenciada, visível, que se desenvolve e diminui de forma rítmica. Torna-se visível pelo seu tamanho e pelo comportamento da fêmea. Transmite informações importantes para os conspecíficos - o estado reprodutivo da fêmea. É um estímulo visual que pode ser facilmente percepcionado pelos co-específicos à distância, uma vez que a visão é muito desenvolvida nos primatas superiores. Por fim, tem um efeito específico (Bernstein e Gordon, 1979), na medida em que a cor e a inflamação apelam ao sentido estético e às emoções sexuais dos machos e actuam como um afrodisíaco que os impele a acasalar com fêmeas em que os caracteres são pronunciados e não com aquelas em que estão pouco desenvolvidos ou ausentes" (Pocock, 1906).

CAPÍTULO 5

ALTERAÇÕES NOS COMPORTAMENTOS VISUAIS INTERACTIVOS DAS FÊMEAS DE BABUÍNO CHACMA, AO LONGO DO CICLO MENSTRUAL. UMA COMPARAÇÃO ENTRE CICLOS MENSTRUAIS EM AMBIENTES SOCIAIS FEMININOS E MASCULINOS - EXPERIÊNCIA 5.

5.1. INTRODUÇÃO

O comportamento de solicitação é dirigido não só aos machos adultos mas também a outras classes de indivíduos e não é utilizado exclusivamente num contexto sexual (Rowell, 1967; Hausfater e Takacs, 1987). A hipótese a ser testada aqui, portanto, é se o comportamento de solicitação mostraria uma diferença, seja em termos de frequência ou em termos de distribuição ao longo do ciclo, de acordo com o sexo do destinatário. Para este efeito, serão comparados os pedidos de mulheres a mulheres e a homens, ao longo de um ciclo menstrual, numa situação experimental que não envolve contacto físico, na expetativa de que a mulher expresse as suas preferências mais livremente, na ausência de ameaças de ataque físico.

5.2. MATERIAIS E MÉTODOS

5.2.1. Temas

Esta experiência utilizou nove babuínos chacma fêmeas e catorze machos. Três das fêmeas foram os sujeitos experimentais: 1081, 1087 e 1135. As outras seis formavam o "ambiente social feminino": Mh-1, Mh-2, DB-9, BO-10, TH-1, e 83. Os catorze homens foram divididos em dois grupos que constituíam, alternadamente, o "meio social masculino". O primeiro grupo incluía os machos A, B, C, E, F, G e H, enquanto o segundo grupo incluía os machos NST-110, NST-111, NST-112, NST-113, NST-114, K-17 e BKA-54. Para os critérios de seleção dos sujeitos, ver 4.2.1. supra.

5.2.2. Habitação

Para os dois grupos de homens - Como em 4.2.2.

As seis fêmeas foram alojadas em gaiolas individuais num grande recinto exterior abrigado por um teto e partes de duas paredes de ferro ondulado. As restantes paredes do compartimento eram de rede metálica.

As instalações são as indicadas no ponto 4.2.2.

5.2.3. Ensaios

Sete machos ou seis fêmeas foram dispostos, como no ponto 4.2.3 supra, nas suas gaiolas individuais em torno dos três lados do seu compartimento/gaiola. Estavam virados para uma gaiola que continha uma das três fêmeas experimentais. Para cada uma das três fêmeas, o comportamento foi observado durante 30 minutos por dia, como no ponto 4.2.4 supra, todos os dias durante um ciclo menstrual completo na presença de sete machos (FM) e durante um ciclo menstrual completo na presença das seis fêmeas (FF). Os sujeitos experimentais foram testados com o mesmo grupo de seis fêmeas. As mulheres 1081 e 1135 foram testadas com o primeiro grupo de sete homens, enquanto a mulher 1087 foi testada com o segundo grupo. Cada sujeito experimental do sexo feminino viu um grupo de machos e um grupo de fêmeas. Os testes com os machos precederam os testes com as fêmeas para as fêmeas 1087 e 1081, enquanto que para a fêmea 1135 foi o contrário. Os ciclos não foram consecutivos mas, para cada fêmea, houve apenas um ciclo entre os ciclos experimentais.

A fim de determinar as fases do ciclo menstrual do sujeito experimental, as três fêmeas foram controladas visualmente todos os dias quanto à ocorrência de menstruação e ao grau de inchaço do períneo. Este último está diretamente relacionado com as condições hormonais da fêmea e constitui um indicador externo da atividade ovárica (Gillman e Gilbert, 1946). Por esta razão, foram adoptados sistemas baseados no grau de edema ou no estado do períneo, por razões óbvias de praticabilidade, em vários estudos de campo e de laboratório. Os ciclos são geralmente divididos em duas partes, a fase de turgescência e a fase de deturgescência, que são subdivididas de acordo com o grau ou o estado do inchaço. Foram adoptadas escalas de 15 pontos ou de 1-3 pontos, como no presente estudo, para definir o grau de edema. A tumefação foi também descrita como plana, insuflada, totalmente insuflada e desinsuflada. A fase de turgescência inicia-se no início da hemorragia, estendendo-se pela turgescência total, até ao ponto de súbita deturgescência. A fase de deturgescência segue-se sequencialmente e termina com o início da hemorragia. O marco entre as duas partes é o primeiro dia de deturgescência, designado por alguns autores por "D" de detumescence ou, como no presente estudo, por "BD" de breakdown (Rowell, 1967, 1969; Saayman, 1970; Hausfater, 1975; Seyfarth, 1978a, 1978b; Ransom, 1981; Scott, 1984; Smuts, 1985; Rasmussen, 1985). Esta subdivisão, e as escalas de classificação perineal utilizadas para individualizar as fases do ciclo, foram possíveis graças ao trabalho pioneiro de Gillman (1937) e Gillman e Gilbert (1946). O sistema particular utilizado neste estudo (ver Taxa de Inchaço Perineal em 5.2.4.) é o adotado anteriormente por Bielert (Bielert e Howard-Tripp, 1983; Bielert e Busse, 1983; Bielert e Girolami, 1986; Bielert, 1986).

A pontuação foi idêntica à do ponto 4.2.4. Foi efectuado um total de 217 observações ao longo de 8 meses.

5.2.4. Medidas pontuadas

Taxa de inchaço perineal (taxa de inchaço): Foi utilizada uma escala de três pontos para descrever o grau e o estado do inchaço perineal. O períneo foi considerado um "1" se estivesse plano, um "2" se estivesse a encher ou a esvaziar e um "3" se estivesse completamente inchado. O dia em que se verificou uma diminuição "apenas detetável" da turgescência total foi designado como o dia da "rutura" da pele sexual ou "DB". A taxa de inchaço foi avaliada visualmente.

Apresenta: Como em 4.2.5.

Batom: Como em 4.2.5.

Bocejos: Hiperextensão e ligeira deslocação da mandíbula. Os lábios estão retraídos e as gengivas e os dentes expostos.

5.2.5. Habituação

Como no ponto 4.2.5. Os grupos de machos e fêmeas estiveram juntos durante pelo menos um mês antes do início dos testes.

5.2.6. Fases do ciclo e análise estatística

Cada ciclo menstrual foi dividido em cinco fases sequenciais. A fase 1 começa com o dia do início da menstruação e consiste nos dias em que o períneo está plano (Taxa de dilatação 1). A fase 2 consiste nos dias em que o períneo começa e continua a insuflarse (taxa de dilatação 2). A fase 3 consiste nos dias em que o períneo está completamente inchado (taxa de inchaço 3). A fase 4 consiste nos dias em que o períneo começa e continua a desinchar (taxa de dilatação 2). A fase 5, que consiste nos dias em que o períneo está novamente plano (Taxa de Inchaço 1), termina no dia anterior à hemorragia menstrual que se segue. As frequências do comportamento feminino foram comparadas em diferentes fases dentro de ciclos individuais e em ciclos das três mulheres em questão combinadas (durante o FF, durante o FM e com FF mais FM) através de uma análise de variância para dados não equilibrados com o Procedimento Geral de Modelos Lineares (SAS). O teste de intervalo múltiplo de Duncan foi adotado para revelar diferenças significativas entre as médias.

5.3. RESULTADOS

A duração dos ciclos menstruais das mulheres variou entre 34 e 39 dias, com uma média de 36,33 ± 1,86 dias (Figuras 14, 15 e 16). Os ciclos das mulheres, quando expostas a homens, foram ligeiramente mais longos (média ± DP; 36,66 ± 1,15 vs 36,00 ± 2,64) do que os ciclos com companheiras. O sangramento menstrual variou de 2 a 5 dias e durou (média ± DP) 2 ± 0,0 dias para a fêmea 1087, 2,5 ± 0,70 para a fêmea 1081 e 4 ± 1,41 para a fêmea 1135. No caso da mulher 1087, o tempo decorrido desde o início da hemorragia menstrual até ao dia da rutura foi de 22 dias para o ciclo FF e de 23 dias para o ciclo FM. O seu períneo esteve completamente inchado durante 9 dias durante o FF e 14 durante o FM (Figura 14). A fêmea 1081 levou 23 dias para atingir a rutura durante o FF e 26 durante o FM. Esteve completamente inchada durante 14 dias durante o FF e durante 15 dias durante o FM (Figura 15). A fêmea 1135 atingiu a rutura após 19 dias durante a FF e após 21 dias durante a FM. Esteve completamente inchada durante 10 dias com parceiros femininos e durante 11 dias com parceiros masculinos (Figura 16).

Os comportamentos das fêmeas foram dados a ritmos muito diferentes. Os presentes foram uma ocorrência bastante rara (Total N=21; intervalo 0-3), os bocejos foram realizados com baixa frequência (Total N=181; intervalo 0-7) e os estalos labiais foram o comportamento mais frequente. Os estalos labiais e os presentes foram combinados e considerados estatisticamente como "Solicitações" (Figuras 14, 15, 16), como em 4.2.6. acima, e em Bielert e Girolami (1986).

A maioria dos presentes eram presentes de contacto visual. De facto, para dois dos

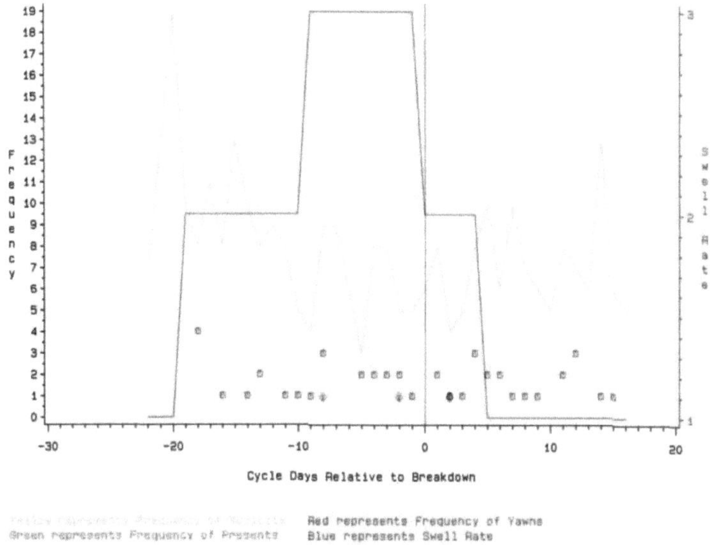

Figura 14a. Mulheres 1087 vs Mulheres

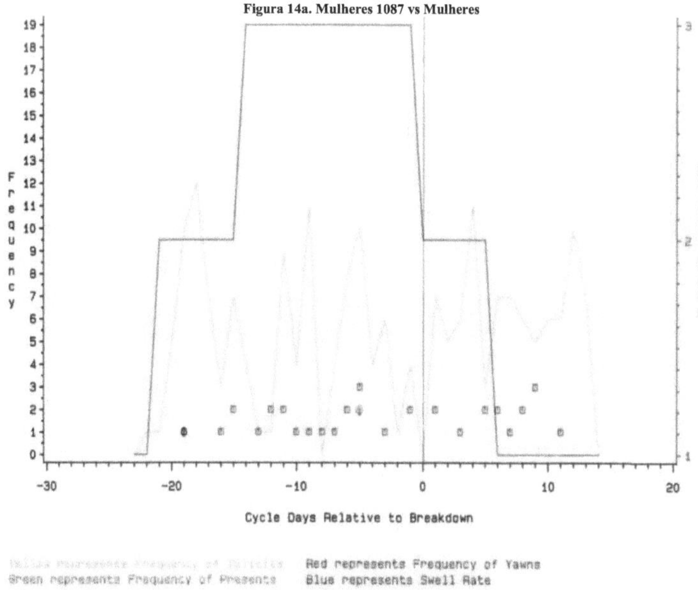

Figura 14b. Mulheres 1087 vs. Homens

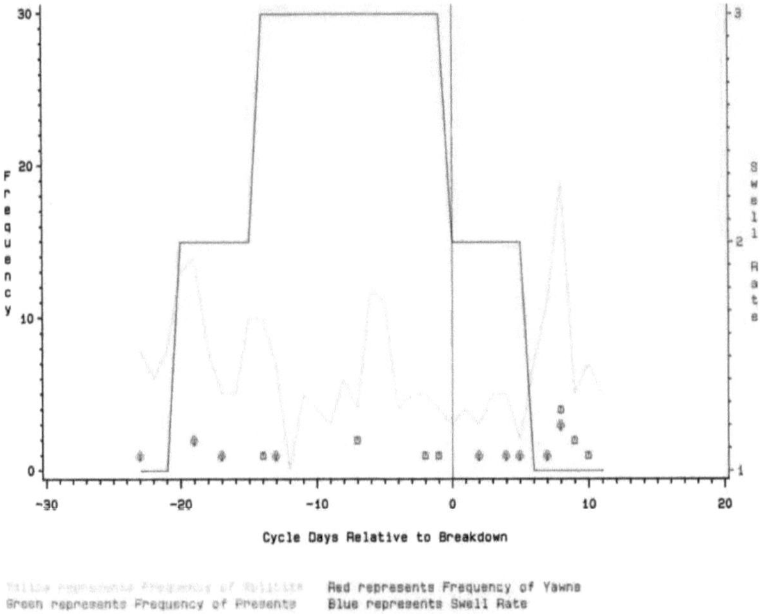

Figura 15a. Mulheres 1081 vs Mulheres

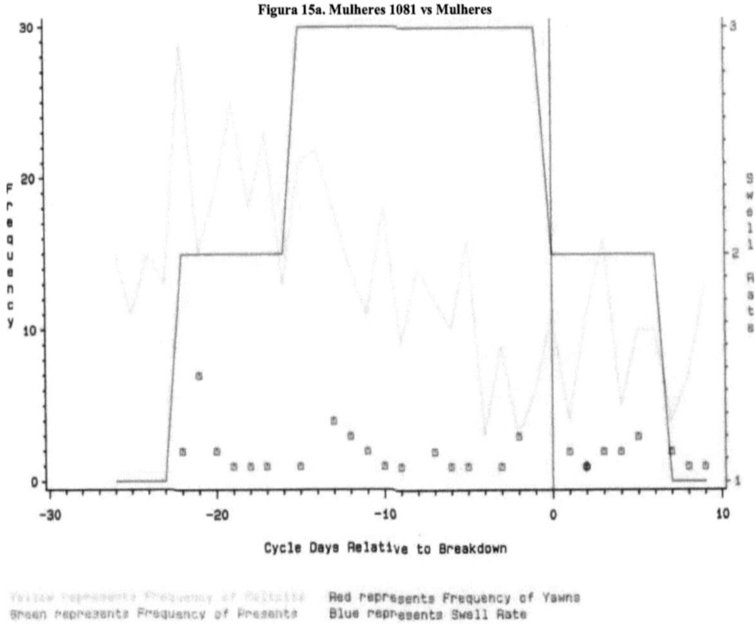

Figura 15b. Mulheres 1001 vs. Homens

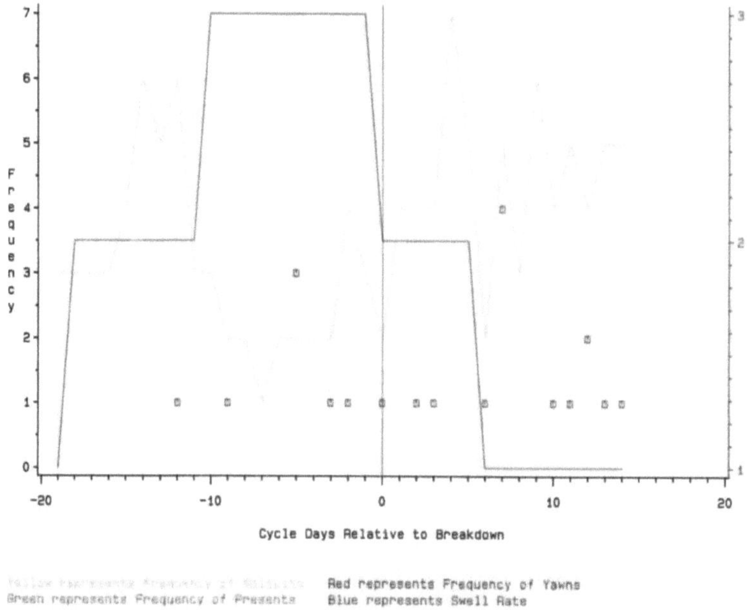

Figura 16a. Mulheres 1135 vs Mulheres

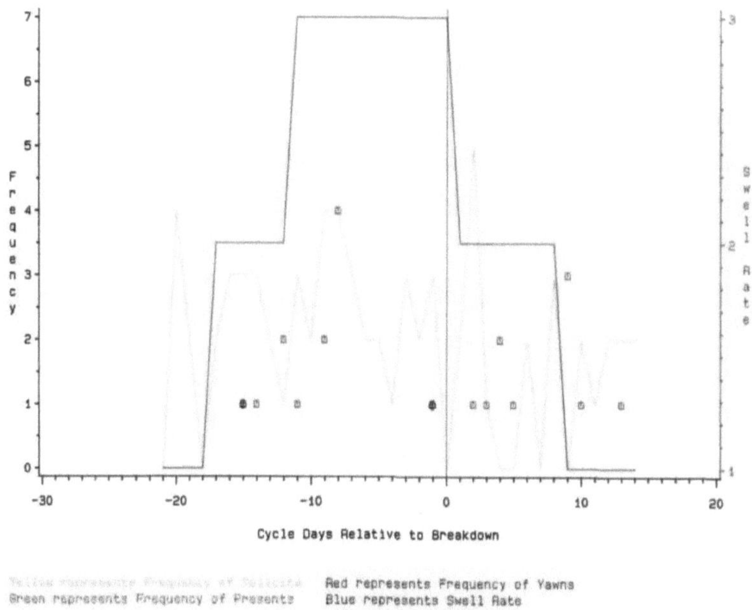

Figura 16b. Mulheres 1135 vs. Homens

As fêmeas e a Fêmea 1081 durante a FM, foram 100% de contacto visual. Para a fêmea 1081, apenas 75% dos presentes dados às fêmeas foram do tipo contacto visual.

Uma análise de variância revelou diferenças significativas entre as solicitações feitas a homens ou mulheres. As fêmeas 1087 e 1135 deram mais solicitações a fêmeas; em contraste, a fêmea 1081 deu mais solicitações a machos (Tabela 13). Os bocejos tenderam a ser mais frequentes durante o FM, embora apenas na fêmea 1081 o aumento tenha sido estatisticamente significativo (Tabela 14). Considerando apenas os presentes, a fêmea 1087 deu o mesmo número de presentes (N=3) a machos e fêmeas, enquanto que a fêmea 1081 deu mais presentes a fêmeas (N=12) do que a machos (N=1), e a fêmea 1135 deu dois presentes a machos e nunca a fêmeas (Figuras 14, 15, 16).A fêmea 1087 (Figura 14) mostra uma redução das suas solicitações a fêmeas do dia BD-10 ao dia BD+3, ao passo que com os machos não é visível uma redução clara, embora se possam observar alguns dias com valores muito baixos entre os dias BD-13 e BD. A fase 3, que inclui os dias acima mencionados, mostra uma variabilidade muito maior durante a FM, em comparação com a condição FF. Isto reflecte-se no maior desvio padrão (Tabela 13). As solicitações da fêmea 1081 a outras fêmeas (Figura 15) são consistentemente mais baixas desde o dia BD-8 até BD+5, embora um aumento súbito transitório, visto no gráfico como um pico, possa ser visto nos dias BD-6 e BD-5. Em contrapartida, as solicitações aos machos mostram um declínio gradual do dia BD-16 ao dia BD-2, embora os valores mínimos sejam atingidos entre os dias BD-4 e BD+1, e uma maior variabilidade durante a fase 3 (Quadro 13). A fêmea 1135 mostra uma clara redução nas solicitações às fêmeas, visível como um vale do dia BD-11 ao dia BD-3. A mesma caraterística não é visível nas solicitações a machos, enquanto a variabilidade para o mesmo período, que corresponde à fase 3, é mais elevada aqui.

Considerando os ciclos individuais, verifica-se que, nas três fêmeas

TABLE 13

Frequências (médias + DP) de Solicitações femininas ao longo dos ciclos menstruais, quando o sujeito se encontra num ambiente social feminino (FF) e num ambiente social masculino (FM).

Female Subjects and Experimental Cycles	Cycle Phases					
	1	2	3	4	5	ALL
1087 FF	13.00 ± 6.00[a]	9.00 ± 2.16[b]	6.33 ± 2.23[b]	6.20 ± 1.78[b]	7.41 ± 2.42[b]	7.84 ± 3.08*
1087 FM	0.50 ± 0.70	6.42 ± 3.82	4.78 ± 3.55	5.33 ± 3.72	6.00 ± 2.64	5.23 ± 3.45*
1081 FF	7.33 ± 1.15	9.16 ± 3.86[a]	5.71 ± 3.29	3.66 ± 1.21[b]	9.00 ± 5.36	6.65 ± 3.86*
1081 FM	13.50 ± 1.91[b]	20.28 ± 5.67[a]	12.40 ± 5.94[b]	9.57 ± 4.03[b]	8.00 ± 4.58[b]	13.13 ± 6.26*
1135 FF	3.00	4.12 ± 1.35	2.33 ± 0.86	4.33 ± 1.63	4.33 ± 1.22	3.69 ± 1.46*
1135 FM	1.50 ± 1.91	2.33 ± 0.81	2.63 ± 0.92	1.44 ± 1.74	1.50 ± 0.83	1.97 ± 1.31*
FF	9.14 ± 5.27[a]	7.41 ± 3.36	4.93 ± 2.97[b]	4.64 ± 1.80[b]	6.74 ± 3.44[b]	6.17 ± 3.44
FM	6.10 ± 6.57	10.05 ± 8.78	7.05 ± 5.95	5.09 ± 4.63	4.83 ± 3.51	6.75 ± 6.24
ALL	7.35 ± 6.09[b]	8.61 ± 6.47[a]	6.11 ± 4.94[b]	4.89 ± 3.60[b]	5.97 ± 3.56[b]	6.47 ± 5.05

Note. a>b ; *≠* ; $P \leq 0.05$

TABLE 14

Frequências (médias + DP) de bocejos femininos ao longo dos ciclos menstruais, quando o sujeito se encontra num ambiente social feminino (FF) e num ambiente social masculino (FM).

Female Subjects and Experimental Cycles	Cycle Phases					
	1	2	3	4	5	ALL
1087 FF	0.00	1.00 ± 1.24	1.44 ± 1.01	1.40 ± 1.14	1.16 ± 0.93	1.12 ± 1.05
1087 FM	0.00	0.57 ± 0.78	1.21 ± 0.89	0.83 ± 0.98	1.00 ± 1.11	0.92 ± 0.94
1081 FF	0.00	0.00	0.35 ± 0.63	0.00	1.16 ± 1.60	0.34 ± 0.83*
1081 FM	0.00	2.00 ± 2.30	1.33 ± 1.23	1.42 ± 1.13	1.33 ± 0.57	1.33 ± 1.43*
1135 FF	0.00	0.12 ± 0.35	0.55 ± 1.01	0.50 ± 0.54	1.22 ± 1.20	0.60 ± 0.93
1135 FM	0.00	0.66 ± 0.81	0.72 ± 1.27	0.55 ± 0.76	0.71 ± 1.11	0.61 ± 0.96
FF	0.00^b	0.45 ± 0.93	0.71 ± 9.95	0.58 ± 0.87	1.18 ± 1.14^a	0.71 ± 1.00
FM	0.00	1.10 ± 1.58	1.12 ± 1.13	0.90 ± 0.97	1.00 ± 1.02	0.95 ± 1.16
ALL	0.00^b	0.75 ± 1.29^a	0.94 ± 1.07^a	0.76 ± 0.93^a	1.11 ± 1.09^a	0.83 ± 1.08

Note. a>b ; '≠' : $P \not< 0.05$

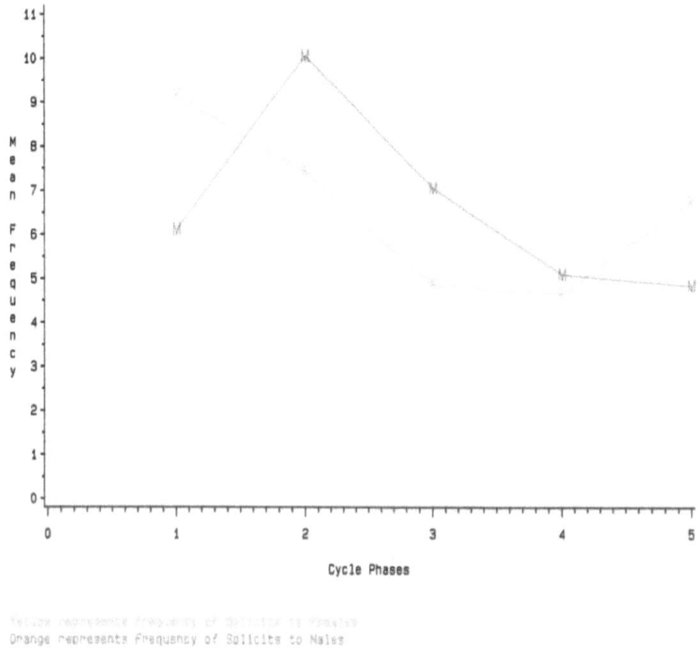

Figura 17. Solicitações de mulheres para mulheres vs. para homens

Quando as mulheres são testadas com outras mulheres (FF), as solicitações médias da fase 3 aparecem entre as duas pontuações mais baixas das cinco fases, o que não acontece quando as mulheres são testadas com homens (Tabela 13). Entre as pontuações mais altas estão as solicitações na fase 2 e entre as mais baixas, as solicitações durante a fase 4 (Tabela 13). Se os três ciclos de FF forem combinados, as fases 1 e 2 mostram as maiores frequências de solicitações e as fases 3 e 4 as menores, enquanto que, para os três ciclos de FM combinados, as solicitações são maiores nas fases 2 e 3 e menores nas fases 4 e 5 (Tabela 13). Comparando cada fase diretamente para os ciclos combinados de FF e FM, verifica-se que as solicitações com parceiros masculinos (FM) são menores do que com parceiros femininos (FF) durante as fases 1 e 5, enquanto que são maiores durante as fases 2, 3 e 4 (Tabela 13 e Figura 17). Se as fases 1 e 2 forem

Se os valores médios forem agrupados e considerados como um só, a fase folicular inicial, e as fases 4 e 5 como a fase lútea, as médias resultantes mostram muito pouca diferença entre as condições experimentais. Em geral, as fêmeas foram significativamente mais activas durante as fases 1 e 2 e significativamente menos activas durante a fase 4 (Tabela 13). Uma tendência semelhante é visível nos bocejos (Tabela 14).

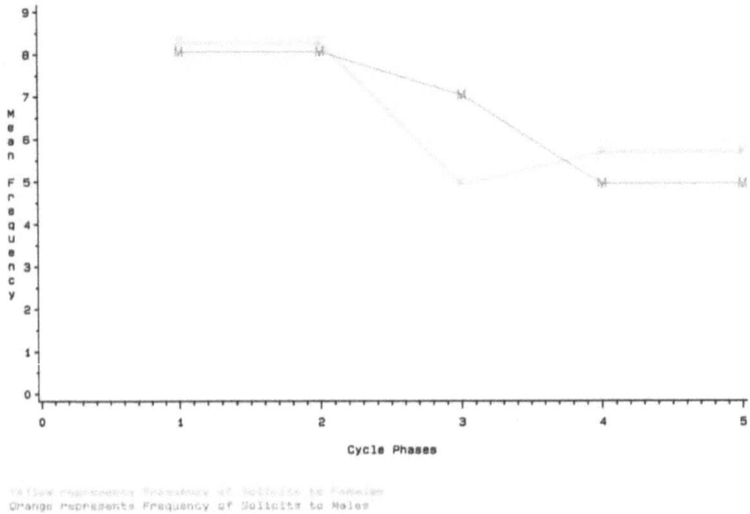

Figura 18. Solicitações de mulheres para mulheres vs. para homens com média das fases 1,2 e 4,5

5.4. DISCUSSÃO

As durações de ciclo obtidas estão bem dentro do intervalo de 20 a 42 dias referido por Gillman e Gilbert (1946), para ciclos normais do babuíno chacma. A duração da hemorragia e as durações das fases de turgescência perineal, deturgescência e repouso também parecem estar dentro dos limites normais.

Os mesmos autores referem: para a sangria, uma moda de 4 dias; para a turgescência, uma média de 19,45 dias e um intervalo de 10 a 32 dias; para a deturgescência, uma média de 16,07 dias e um intervalo de 6 a 25 dias; e para o período de repouso perineal, que ocorre antes da turgescência e depois da deturgescência, um intervalo de 2 a 16 dias. Resultados semelhantes foram relatados anteriormente por Gillman (1937), e correspondem aos resultados obtidos por Bielert (1986), para o babuíno chacma, e por Hendricks (1967), para outras espécies de babuínos. Uma vez que não foram encontradas anomalias em nenhum dos seus componentes, os ciclos podem ser considerados normais e ovulatórios.

De interesse é a ligeira diferença na duração do ciclo entre as duas condições experimentais. Os ciclos da FM são mais longos principalmente na fase folicular, que é também a fase, em contraste com a fase lútea, que apresenta maior variação de duração no babuíno (Gillman e Gilbert, 1946) e nos primatas em geral (Hodges, 1987). A fase folicular mais longa, durante os ciclos em que as fêmeas foram expostas a machos, pode ser uma indicação da ação do ambiente social sobre a fisiologia reprodutiva da fêmea. Foi descrita uma alteração da fase folicular, em relação a diferenças no ambiente social, no babuíno chacma (Howard-Tripp e Bielert, 1978). Estes autores verificaram que as fases foliculares das fêmeas que tiveram contacto físico com os machos eram mais curtas do que as das fêmeas que não tiveram contacto físico. Uma vez que a variável experimental no seu estudo foi o contacto físico com machos, não é possível uma comparação direta dos resultados. No entanto, ambos os resultados sugerem uma sensibilidade dos ovários a factores ambientais.

Nem as frequências totais de bocejos nem as de solicitações parecem refletir a natureza do ambiente social. É possível que ambas reflictam caraterísticas individuais das mulheres.

Existem diferenças claras na distribuição do comportamento ao longo das fases do ciclo, dentro e entre as condições experimentais. Os perfis de solicitações de cada fêmea dão a impressão de que, durante o FF e na altura do inchaço total, as fêmeas diminuíram substancialmente as solicitações. As únicas excepções são aumentos isolados de 2 dias na fêmea 1135, nos dias BD-2 e BD-1, e na fêmea 1081, nos dias BD-6 e BD-5. Em contrapartida, uma diminuição comparável das solicitações na mesma fase do ciclo não é claramente detetável nos ciclos de FM. Esses vales, que representam graficamente os dias durante os ciclos de FF em que foram registados valores baixos, são preenchidos durante a FM. Os dias de frequências altas alternam com os dias de frequências baixas, produzindo um perfil que se assemelha a uma serra em vez de um vale (Figuras 14, 15 e 16). A interpretação sugerida é que, em ambas as condições experimentais, as solicitações diminuem durante a porção central do ciclo, como mostram as fases 3 e 4 (Figura 17), mas durante a fase 3 da FM, a tendência das solicitações de diminuir é reduzida por uma força de contrapeso. Esta força deve ser bastante poderosa, uma vez que a fase 3 durante o FF mostra, juntamente com a fase 4, valores significativamente mais baixos, enquanto a diminuição das solicitações durante a fase 3 do FM não atinge significância estatística (Figura 17 e Tabela 13).

Vários autores referiram que os níveis de comportamentos, como os comportamentos agonísticos e afiliativos, a atividade e a alimentação, são elevados durante as fases iniciais do ciclo menstrual, diminuindo depois para níveis mais baixos durante a plena turgescência e a deturgescência. Hausfater e Skoblick (1985) referiram que, no babuíno amarelo selvagem (P. cynocephalus), as interações agonísticas que envolvem fêmeas menstruadas são quatro vezes superiores às que envolvem fêmeas em estro. Wasser e Starling (1986) verificaram, na mesma espécie, que as fêmeas menstruadas atacavam outras fêmeas significativamente mais do que o esperado. Num grupo em cativeiro de P. cynocephalus e P. anubis, Noll et al. (1982) verificaram que as ameaças e os ataques eram significativamente menores durante a fase inchada. Foi demonstrado que a auto-mordedura, possivelmente uma forma de agressão redireccionada, ocorre apenas no início do ciclo numa fêmea de babuíno chacma mantida numa única gaiola (Bielert e Howard-Tripp, 1983).

Nos babuínos-oliváceos (P. anubis), Rowell (1967, 1969) verificou que as fêmeas planas evitavam menos as outras fêmeas do que quando se encontravam noutras fases do seu ciclo. As interações amigáveis, tais como a limpeza, a apresentação e o bater de lábios umas às outras, diminuíram gradualmente desde as fases iniciais do ciclo até atingirem um mínimo durante o inchaço total (e, numa fêmea, durante a deturgescência). Saayman (1970) referiu que as fêmeas selvagens de babuíno chacma são mais móveis e acariciam mais machos durante a fase de insuflação, ou seja, durante as fases 1 e 2 do ciclo. De acordo com Seyfarth (1978a), as fêmeas apalpam e seguem menos os machos durante o consórcio ou, por outras palavras, quando estão completamente inchadas. O comportamento alimentar é reduzido durante o inchaço total em babuínos chacma selvagens e em cativeiro (Bielert e Busse, 1983; Gilbert e Gillman, 1956), e em fêmeas de babuíno amarelo de alto nível que estão a consorciar-se (Rasmussen, 1985). No babuíno amarelo, o comportamento alimentar atinge os seus níveis mais elevados durante o período perimenstrual (Hausfater e Skoblick,

1985).

Os presentes e as solicitações mostram um padrão mais complexo ao longo do ciclo menstrual e precisam de ser discutidos com mais pormenor. Seyfarth (1978a) relatou que os presentes diminuem de níveis mais elevados desde o início do ciclo até ao inchaço total e ao consórcio e continuam a diminuir durante as fases de deturgescência e repouso perineal. Saayman (1970) verificou que o número total de prendas é elevado na fase de enchimento, ligeiramente inferior durante a fase de enchimento total, mais baixo durante a fase de esvaziamento e novamente elevado durante a fase de repouso. Até à data, ambas as conclusões estão em total concordância com os resultados do presente estudo. O que é interessante é o facto de a percentagem de presentes dados em cada uma das fases do ciclo variar consoante a classe de homens a quem os presentes eram dirigidos. Por exemplo, os presentes dados a subadultos mostraram a mesma distribuição ao longo do ciclo, enquanto os presentes dados a machos adultos foram mais elevados durante o inchaço total (Saayman, 1970). Um fenómeno semelhante foi relatado por Rowell (1967). Os presentes a um macho subadulto estavam ao mesmo nível durante as fases de enchimento e de inchamento total e diminuíam durante as fases de esvaziamento e de vazio. Por outro lado, os presentes para os machos adultos eram mais elevados durante a turgescência máxima e diminuíam durante a deturgescência e o repouso perineal.

Um fator adicional que contribui para uma distribuição diferenciada dos presentes ao longo das fases do ciclo é o tipo de presente. É agora evidente que existem vários tipos de presentes, que são diferenciados pela postura e pelo contexto em que ocorrem, e que mostram uma distribuição diferente ao longo do ciclo. No estudo de Hausfater e Takacs (1987), os presentes "submissos" seguiram o padrão mostrado aqui. Foram mais elevados durante a fase de insuflação, mais baixos durante o inchaço total e a deturgescência, e aumentaram novamente durante a fase plana. Em contrapartida, os presentes "sexuais" eram mais elevados durante a fase de insuflação, apenas ligeiramente mais baixos durante o inchaço total e diminuíam mais drasticamente durante as fases de esvaziamento e de repouso. Até agora, parece que os presentes seguem o padrão mostrado também por outros comportamentos. Apenas os presentes "sexuais" dados a homens adultos diferem, na medida em que apresentam aumentos consideráveis durante o inchaço total. Os resultados relativos aos presentes das fêmeas e aos comportamentos de solicitação obtidos em laboratório são apresentados não por fase do ciclo mas por dia, representando cada dia uma média das frequências obtidas para o mesmo dia do ciclo em todos os ciclos considerados. Os ciclos são alinhados de acordo com o dia BD e os dias são numerados a partir dele. Infelizmente, este sistema dificulta as comparações e também não pode representar fielmente as mudanças perimenstruais, na medida em que os dias de ciclos mais longos, que não são comuns aos outros ciclos, são cortados (para uma discussão mais aprofundada, ver também Hausfater e Skoblick, 1985). Por outro lado, este sistema pode fornecer informações sobre as alterações que ocorrem em torno da menstruação e, por conseguinte, da ovulação, uma vez que os ciclos estão alinhados no dia da menstruação. Os presentes espontâneos durante os testes de pares (Bielert, 1986) mostraram um certo grau de flutuação no início do ciclo, embora os valores fossem bastante elevados, e diminuíram sensivelmente de BD-8 a BD-2, aproximadamente a fase de inchaço total. Voltaram a aumentar por volta do dia BD, diminuíram ainda mais e voltaram a aumentar no final do ciclo. A curva traçada a partir desses dados é também muito semelhante aos resultados aqui apresentados. Os presentes de contacto ocular mostraram, pelo contrário, um padrão diferente. Começaram por ser baixos e atingiram o seu pico durante a fase de turgescência máxima, embora fosse ainda visível uma redução entre a BD-6 e a BD-3. Após o BD, este comportamento diminuiu progressivamente e depois aumentou no final do ciclo (Bielert, 1986). Numa situação experimental muito semelhante à adoptada no presente trabalho (Bielert et al., 1986), os presentes dados por fêmeas adolescentes apresentaram níveis mais elevados durante a maior parte da fase folicular, baixando depois para níveis mais baixos, que se mantiveram durante o resto do ciclo a partir da BD-6, ou seja, durante a fase de edema completo. Mais uma vez, a imagem que emerge é muito semelhante à que foi discutida atualmente. Os presentes de fêmeas adultas mostraram, pelo contrário, um quadro diferente. Em geral, apresentavam níveis baixos, ligeiramente mais elevados no início do ciclo, mais elevados entre o dia BD-6 e o dia BD-2 e mais baixos durante o resto do ciclo. Os lip-smacks dados pelas mesmas fêmeas mostraram um início baixo, um aumento durante a fase de insuflação e novamente uma diminuição durante a fase de inchaço, para aumentar novamente e estabilizar durante a fase lútea nos níveis mostrados no início do ciclo. A queda de comportamento durante a fase de inchaço total foi muito avançada (a partir do dia BD-6) nas fêmeas adolescentes em comparação com as fêmeas adultas (a partir do dia BD-2) (Bielert et al., 1986). Recapitulando, verifica-se uma diminuição geral durante as fases de inchaço total e de deturgescência, em contraste com níveis pós-menstruais mais elevados, nos comportamentos sociais, não sociais e sexuais numa variedade de ambientes sociais. Além disso, se algumas das diminuições dos comportamentos femininos acima referidas fossem e pudessem ser consideradas como uma consequência direta do fenómeno do consórcio, ou seja, quando uma fêmea totalmente inchada se associa preferencialmente a um macho, tal não se verificou, pelo menos, no que diz respeito ao comportamento alimentar (Bielert e Busse, 1983) e ao comportamento de grooming e apresentação (Seyfarth, 1978a). Parece, portanto, provável que as flutuações de comportamento das fêmeas registadas estejam, pelo contrário, sob o controlo das hormonas ováricas.

Infelizmente, faltam estudos que se tenham centrado na associação entre as hormonas circulantes e o comportamento feminino no babuíno. Por conseguinte, devem ser consideradas provas indirectas. As fêmeas de babuíno chacma apresentam uma redução nítida do comportamento alimentar em associação com o tratamento com benzoato de estradiol (OB) (Bielert e Busse, 1983). Uma de duas fêmeas numa situação experimental, semelhante à que está atualmente em discussão, mostrou uma supressão progressiva dos comportamentos de solicitação em resposta a doses crescentes de estradiol (Bielert e Girolami, 1986). As fêmeas de babuíno chacma selvagens tratadas com estradiol mostraram-se mais presentes e móveis quando o seu períneo estava apenas parcialmente inchado, ou seja, com níveis mais baixos de estradiol circulante, do que as fêmeas que tinham obtido um inchaço total em resposta ao tratamento (Saayman, 1973).

É possível obter informações suplementares através da análise das alterações comportamentais registadas no dia da rutura do períneo. Sabe-se, de facto, que a ovulação ocorre alguns dias antes da deturgescência (Gillman e Gilbert, 1946). De acordo com Shaikh et al. (1982), a ovulação ocorre em média 2,07 dias antes da DB (intervalo de 0 a 5 dias). O pico de estrogénios ocorre, em média, 41,4 horas antes da ovulação, ou seja, aproximadamente quatro dias antes da deturpação (Shaikh et al., 1982). Três a quatro dias antes da deturgescência é também a altura em que ocorrem os picos de estrogénios urinários (Stevens et al., 1970). O comportamento alimentar atinge o seu ponto mais baixo no dia BD-3 e regressa aos níveis iniciais no dia BD-2 (Bielert e Busse, 1983). Rowell (1967) relatou uma redução nos comportamentos das fêmeas e na interação com os machos no dia BD-1. As fêmeas também parecem ser menos activas a seguir os machos nos dias BD-3 e BD-2 (Seyfarth, 1978a). A presença de fêmeas diminui no dia BD-1, depois aumenta novamente nos dias BD e BD+1, para voltar a diminuir (Hausfater, 1975). Segundo Bielert (1986), os presentes diminuem do dia BD-7 ao dia BD-3, voltam a aumentar brevemente por volta do dia BD, e depois voltam a diminuir. Verifica-se uma diminuição das solicitações das fêmeas nos dias BD-2 e BD-1 (Bielert e Girolami, 1986). Os grooming diminuem significativamente no dia BD-3 (Hausfater, 1975). Também se registam picos mais pequenos de BD-5 a BD-2 (Bielert, 1986) e, nos dados aqui apresentados, nos dias BD-6 e BD-5 de FF (Figura 15) e nos dias BD-2 e BD-1 de FF (Figura 16). Em contrapartida, a atividade de consorte parece ser mais elevada no dia BD-3 (Hausfater, 1975; Scott, 1984; Smuts, 1985). O seguimento e o pastoreio de machos também são mais elevados por volta dos dias BD-3 e BD-2 (Hausfater, 1975; Seyfarth, 1978a). Sugere-se que estas flutuações periovulatórias são uma indicação clara de uma dependência hormonal do comportamento feminino. No entanto, é bastante difícil estabelecer as hormonas responsáveis ou os mecanismos hormonais sem as análises adequadas das hormonas circulantes. É possível que o comportamento feminino na fase folicular, ou seja, nas fases 1 e 2 e em parte da fase 3, esteja negativamente correlacionado com os níveis de estrogénios; um aumento gradual dos estrogénios corresponde a uma diminuição dos comportamentos. Do mesmo modo, as quedas no comportamento feminino poderiam corresponder a picos de estrogénios. Esta sugestão é apoiada pelo pico dos comportamentos "possessivos" masculinos que ocorre na mesma altura, uma vez que os estrogénios estão positivamente correlacionados com a atratividade feminina (Bielert et al., 1980; Bielert, 1984; Bielert e Girolami, 1986). Os picos de comportamento feminino no dia da DB parecem refletir o declínio do nível de estrogénios que ocorre logo após o pico ovulatório (Stevens et al., 1970).

A explicação anterior não explica a nova diminuição dos comportamentos marcados, ou pelo menos a ausência de aumento, verificada durante a fase 4, quando se deveria esperar um aumento correspondente à diminuição dos níveis de estrogénio. Neste momento, parece ocorrer outro fenómeno. A progesterona no babuíno chacma (Du Toit, 1956) e as progestinas (Stevens et al., 1970) apresentam níveis baixos e estáveis durante a fase folicular. Estes níveis começam a aumentar 5 dias após a ovulação (Du Toit, 1956) ou no segundo dia após o pico de estrogénios (Stevens et al., 1970), atingindo um máximo 11 dias após a ovulação (Du Toit, 1956) ou no dia BD+8 (Stevens et al., 1970). Em seguida, diminuem e atingem os níveis foliculares por volta do décimo sexto dia após o pico de estrogénios (Stevens et al., 1970) e caem no dia da hemorragia (Du Toit, 1956).

A administração de Provera (acetato de 17a-hidroxi-6a-metilprogesterona) a fêmeas ovariectomizadas tratadas com estrogénios provocou uma redução acentuada da presença e da mobilidade das fêmeas (Saayman, 1973). Parece que a progesterona tem um efeito supressor no comportamento feminino. Esta sugestão é reforçada pela evidência de que as fêmeas grávidas, nas quais os níveis de progesterona são mais elevados, tendem a envolver-se menos frequentemente em interações amigáveis e agonísticas, tanto dadas como recebidas (Rowell, 1967; 1969). Também tendem a apresentar-se menos e a estar menos próximas dos machos (Rowell, 1967; Seyfarth, 1978b; Hausfater e Takacs, 1987).

Apesar das semelhanças nas curvas FF e FM, devido aos mesmos moduladores hormonais, também se notam diferenças (Figura 17). É possível que as discrepâncias nos dois ciclos sejam apenas um produto do sistema de subdivisão dos ciclos em fases, em particular para as fases 1 e 2. De facto, a fase 1 é uma fase muito curta que é considerada por muitos autores, juntamente com a fase 2, como a fase de "inflacção". Pode ser constituída apenas por um dia, facto que a tornaria mais suscetível a acontecimentos fortuitos. Por conseguinte, pode ser menos fiável como representação das mudanças que ocorrem no início do ciclo. Se as duas fases forem combinadas para cada ciclo e depois calculada a média, já não há muita diferença entre FF e FM (Figura

18). Além disso, a combinação das fases 4 e 5 para cada ciclo eliminaria a diferença entre os ciclos FF e FM no que respeita a essas fases (Figura 18). Desta forma, a diferença original poderia ser explicada pela dificuldade em discriminar entre as duas fases e, de facto, entre as duas condições perineais. Certamente, a Figura 18 enfatiza as diferentes frequências de comportamento entre FF e FM durante a fase 3. Rasmussen (1985) verificou que a redução do comportamento alimentar durante o consórcio era diretamente proporcional ao estatuto da fêmea, de modo que as fêmeas de estatuto elevado suprimiam o seu comportamento enquanto as fêmeas de estatuto baixo o aumentavam. Uma vez que os presentes e as solicitações se encontram entre os comportamentos proceptivos que apresentam uma correlação mais fraca com o ciclo feminino (Goldfoot, 1971; Seyfarth, 1978a; Baum, 1983; Dixson, 1983a), e uma vez que as diferenças na sua relação com o ciclo podem ser atribuídas ao tipo de contexto em que os presentes são dados, como já foi referido, parece que as diferenças nos dois ciclos podem ser explicadas por uma pressão diferencial do ambiente social. Como forma de supressão da reprodução, os babuínos fêmeas atacam as fêmeas lactantes, recrutando ajuda principalmente para as fêmeas menstruadas e insufladas (Wasser e Starling, 1986). As fêmeas inchadas são mais susceptíveis de ignorar as ameaças de outras fêmeas (Seyfarth, 1978a) e verifica-se uma redução acentuada do envolvimento em interações agonísticas por volta dos dias BD-3 e BD-2 (Hausfater, 1975). As fêmeas em lactação e em deflação parecem ser atacadas mais frequentemente do que as outras (Rowell, 1969; Wasser e Starling, 1986). Este facto poderia explicar o elevado nível de ataques labiais no início do ciclo como parte do estabelecimento de laços que podem levar a uma coligação. Os baixos níveis de estalos labiais durante as fases 3 e 4 podem ser vistos como uma forma de evitar interações e potenciais ataques.

No caso das solicitações aos machos, já vimos que os presentes e as palmadas nos lábios que podem ser considerados sexuais, i.e, (Rowell, 1967; Saayman, 1970), os presentes relatados num contexto sexual (Hausfater e Takacs, 1987), os presentes de contacto visual (Bielert, 1986), e os presentes dados por mulheres adultas em vez de adolescentes (Bielert et al., 1986), em vez de diminuírem, aumentam durante as fases 2 e 3 e são baixos durante o resto do ciclo. O nível mais elevado de solicitações dadas aos machos do que às fêmeas durante a fase de inflação e a plena turgescência poderia, portanto, ser devido a um aumento das solicitações sexuais. O facto de esse aumento não ser tão evidente como nos exemplos relatados deve-se provavelmente à artificialidade das condições experimentais selecionadas.

Neste ponto, seria interessante saber a razão pela qual a fêmea aumenta as solicitações sexuais durante o inchaço total e, ao mesmo tempo, reduz os presentes sociais e outros comportamentos. Uma explicação poderia ser que as solicitações sexuais são diretamente influenciadas pelos estrogénios, ao contrário dos outros comportamentos. Esta explicação é apoiada por uma outra experiência realizada por Bielert (1984), na qual as fêmeas ovariectomizadas e tratadas com estrogénios, testadas aos pares, aumentaram o seu nível de presentes. Os resultados negativos obtidos por Saayman (1973) podem, pelo contrário, ser explicados pelo facto de as fêmeas tratadas terem interagido apenas com juvenis. Uma outra explicação, no entanto, parece mais viável. Entre os babuínos, a iniciação da cópula pelas fêmeas é muito menos frequente do que a iniciação pelos machos (11%, Ransom, 1981; 10,14%, Rowell, 1967; 2,8%, Hausfater e Takacs, 1987; 4,25%, Seyfarth, 1978a; 17,02%, Saayman, 1970; 8%, Scott, 1984). Parece, no entanto, que os machos respondem melhor às solicitações quando a fêmea mostra algum grau de turgescência, particularmente quando está completamente inchada, e estão também mais dispostos a montar (Bielert, 1986; Saayman, 1970; Seyfarth, 1978a; Rowell, 1967; Ransom, 1981). Embora as fêmeas pareçam competir pelo acesso aos machos ao longo do seu ciclo, parecem ter poucas oportunidades de afirmar as suas preferências pelos machos (Smuts, 1985). De facto, se forem persistentes nas suas solicitações, podem ser atacadas pelo macho que as recebe (Ransom, 1981). Parece então que as fêmeas exprimiriam as suas preferências dirigindo os presentes ao macho escolhido. É então possível que, para selecionar um parceiro, as fêmeas aumentem as suas solicitações quando sabem que têm mais hipóteses de ser bem sucedidas, ou seja, quando estão a inflar e completamente inchadas.

Em conclusão, foram encontradas diferenças relacionadas com os ambientes masculino e feminino na duração dos ciclos menstruais e na distribuição das solicitações ao longo do ciclo. Os ciclos menstruais eram mais curtos quando as mulheres estavam num "ambiente social feminino" do que quando estavam com homens. De um modo geral, parece que as solicitações, tal como outros comportamentos analisados, estão sob modulação hormonal e, por conseguinte, apresentam os seus níveis mais elevados no período perimenstrual. As solicitações a mulheres apresentaram níveis mais elevados durante o período perimenstrual do que as solicitações a homens e foram mais baixas durante a parte central do ciclo do que as solicitações a homens. Considera-se que esta diferença se deve aos diferentes objectivos para os quais as solicitações são utilizadas com os conspecíficos masculinos ou femininos.

CAPÍTULO 6

ALTERAÇÕES NOS COMPORTAMENTOS INTERACTIVOS VISUAIS DAS FÊMEAS DE BABUÍNO CHACMA, AO LONGO DO CICLO MENSTRUAL. UMA COMPARAÇÃO, NUM AMBIENTE SOCIAL EXCLUSIVAMENTE MASCULINO, ENTRE CICLOS MENSTRUAIS NORMAIS E CICLOS EM QUE O ESTÍMULO ATRACTIVO É ESCONDIDO - EXPERIÊNCIA 6.

6.1. INTRODUÇÃO

Verificou-se que as solicitações de mulheres a homens ou mulheres diferem na sua distribuição ao longo do ciclo menstrual. Isto sugere que as solicitações têm um objetivo diferente consoante o sexo do destinatário e, em particular, que as solicitações a homens podem estar envolvidas na comunicação sexual (Capítulo 5). Esta experiência foi, portanto, concebida para explorar o valor de estímulo do comportamento de solicitação sobre a excitação masculina. Para o efeito, o inchaço do períneo, que constitui o principal modulador da excitação sexual masculina (ver capítulo 4), foi ocultado. As respostas masculinas e os comportamentos femininos foram então registados ao longo do ciclo menstrual feminino.

6.2. MATERIAIS E MÉTODOS

6.2.1. Temas

Três babuínos chacma fêmeas intactas, Q-436, DB-9, 83, os sujeitos experimentais, e treze machos, A, B, C, E, F, G, H, M-1, M-2, M-3, M-4, M-5, M-9, foram utilizados nesta experiência. Para os critérios utilizados na seleção dos sujeitos, ver 4.2.1.

6.2.2. Habitação

Como em 4.2.2.

6.2.3 Ensaios e aparelhos

Os animais foram dispostos na sala e as observações foram efectuadas como no ponto 4.2.3. A fêmea 83 foi exposta a sete machos, os primeiros sete dos enumerados supra, ao passo que as fêmeas Q-436 e DB-9 foram expostas a todos os treze machos. Cada fêmea foi deixada na sala com os machos e observada durante dois ciclos menstruais completos. Num dos dois ciclos, as fêmeas foram testadas com um par de calças que escondiam o inchaço perineal. As calças (Figura 19), feitas de tecido castanho escuro, mediam 60 cm na cintura e 50 cm de comprimento. Foram concebidas de forma a permitir o desenvolvimento do inchaço, o movimento livre das pernas e a eliminação fácil das fezes. Para evitar fricções, foi utilizado um enchimento de espuma na cintura, onde foi inserido um cinto de nylon para fixar as calças à fêmea. O cinto foi afivelado no dorso da fêmea, mesmo por cima da raiz da cauda. A cauda saía das calças através de uma fenda de 7 cm, da cintura para baixo. O aperto do cinto na cintura produziu pregas necessárias para acomodar e, no entanto, ocultar o inchaço (Figura 19). As fêmeas 83 e Q-436 foram testadas com as calças no seu primeiro ciclo, enquanto a fêmea DB-9 foi testada com as calças no seu segundo ciclo. Para colocar ou retirar as calças, as fêmeas foram sedadas com 7,5

Figure 19. (A) The pants. The buckle goes on the dorsum of the female. Below the buckle is the slit that allows space for the tail.
(B) and (C) One of the experimental subjects wearing the pants. It can be seen that mobility of the hind limbs is not hindered by the garment.

mg/kg de peso corporal, injeção IM de cloridrato de cetamina. Os ciclos foram planeados para serem consecutivos, o que foi o caso das fêmeas 83 e DB-9. Infelizmente, no caso da fêmea Q-436, não foi possível detetar hemorragias, as observações foram interrompidas no quadragésimo primeiro dia do seu ciclo e as calças foram retiradas no sexagésimo terceiro dia. Cinco dias mais tarde, ela estava a sangrar e foi iniciado o segundo ciclo de observações.

As flutuações de peso das mulheres foram monitorizadas diariamente durante os dois ciclos menstruais. Quando o inchaço perineal estava escondido pelas calças, era impossível utilizar o sistema Swell Rate baseado na alteração do tamanho do inchaço perineal (ver Capítulo 5) para seguir as fases do ciclo menstrual. Bielert e Busse (1983) demonstraram uma correlação clara entre o peso corporal feminino e a dilatação perineal, na medida em que o peso aumenta gradualmente à medida que a dilatação se torna maior e diminui no dia da rutura. Mostraram também que o aumento de peso reflecte o peso do próprio inchaço, uma vez que a ingestão de alimentos pela fêmea diminui durante a turgescência total. Além disso, sabe-se que as alterações perineais induzidas por hormonas estão associadas ao metabolismo da água (Gillman e Gilbert, 1946), e não à ingestão selectiva de alimentos (Gilbert e Gillman, 1956), e sabe-se que o inchaço perineal é um edema com grande acumulação de água no tecido intersticial (Krohn e Zuckerman, 1937). Por conseguinte, foi adotado o padrão de aumento e diminuição do peso corporal feminino como forma de acompanhar as fases do ciclo menstrual.

Em cada um dos dias dos dois ciclos menstruais femininos, a ocorrência de emissões seminais coaguladas resultantes da masturbação masculina foi classificada (ver 4.2.3.).

A pontuação foi a indicada no ponto 4.2.4. Foi efectuado um total de 260 observações durante um período de 6 meses.

6.2.4. Medidas pontuadas

Peso corporal das fêmeas: As fêmeas, numa gaiola de transporte com grelha de ferro (60x50x60 cm), foram pesadas numa balança (ver Bielert e Busse, 1983, para mais pormenores). Subtraindo o peso da gaiola (18,2 kg), obtinha-se o peso da fêmea, que era registado numa folha de calendário. As pesagens foram efectuadas diariamente, aproximadamente às 08:00 horas, antes de as fêmeas terem sido alimentadas.

Apresenta: Como em 4.2.5.

Batom: Como em 4.2.5.

Bocejos: Como em 5.2.4.

Emissões seminais: Como em 4.2.5.

6.2.5. Habituação

Como no ponto 4.2.5. Os machos estiveram juntos na mesma sala durante pelo menos um mês antes do início dos testes.

6.2.6. Fases do ciclo e análise estatística

Cada ciclo feminino foi dividido em cinco fases, de acordo com as alterações do peso corporal ao longo do ciclo menstrual. A fase 1 foi considerada como tendo início no dia em que começou a hemorragia menstrual e incluiu os dias em que o peso flutuou em torno da linha de base, ou seja, o peso registado no primeiro dia do ciclo. A fase 2 começava no dia em que se notava um aumento constante do peso e continuava nos dias em que o peso continuava a aumentar. A fase 3 começa no dia em que se atinge 95% do aumento de peso e o peso estabiliza. A fase 4 iniciava-se no dia em que se notava uma diminuição apreciável do peso, ou o início de um declínio constante do peso que se mantinha durante vários dias. Esta fase compreende os dias em que o peso diminui. O primeiro dia de diminuição de peso foi considerado como o dia BD. A fase 5 iniciava-se quando o peso começava a estabilizar-se em torno da linha de base e não se registava mais nenhum declínio.

Os ciclos foram comparados nas suas fases relativamente às frequências de comportamento das fêmeas e de resposta dos machos através de uma análise de variância para dados não equilibrados com o procedimento de modelos lineares gerais (SAS); foi adotado o teste de intervalos múltiplos de Duncan para revelar diferenças significativas entre as médias.

6.3. RESULTADOS

A duração dos ciclos menstruais variou de 31 a 45 dias, com uma média de 38,20 ± 4,72 dias (Figuras 20, 21, 22). Esta duração média, no entanto,

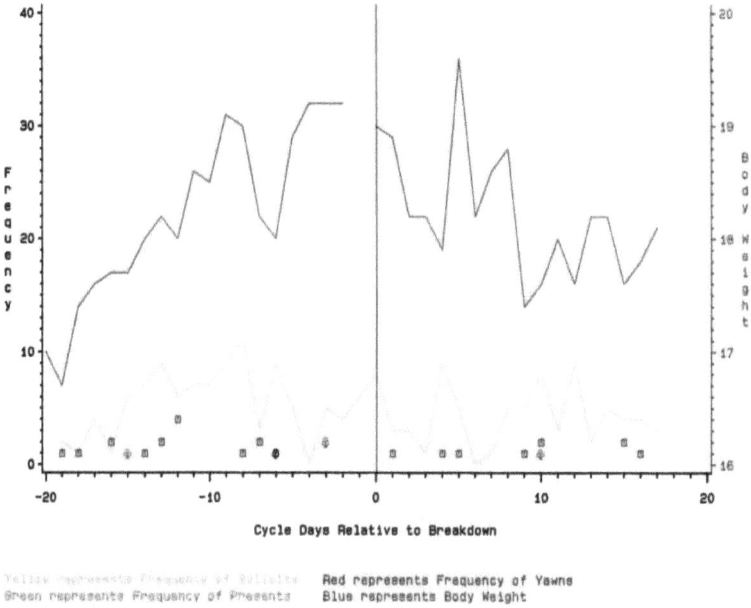

Figura 20.A. Fêmea Q-436 - NOPANTS

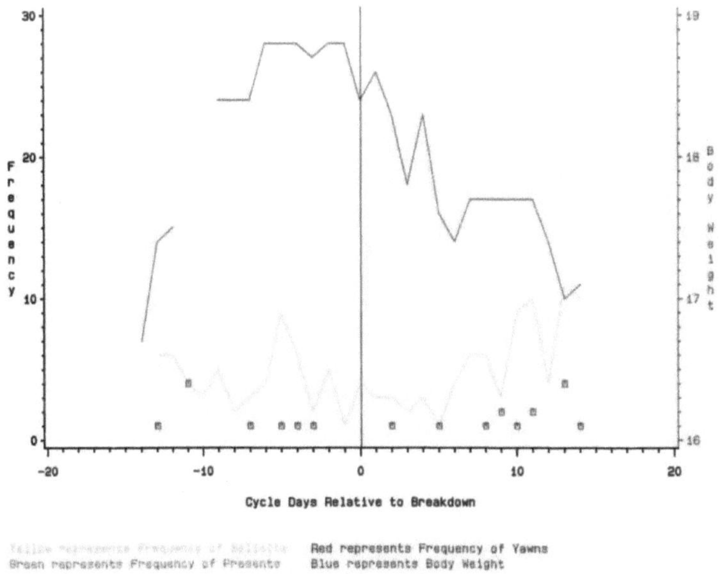

Figura 20.B. Fêmea Q-436 - CALÇAS

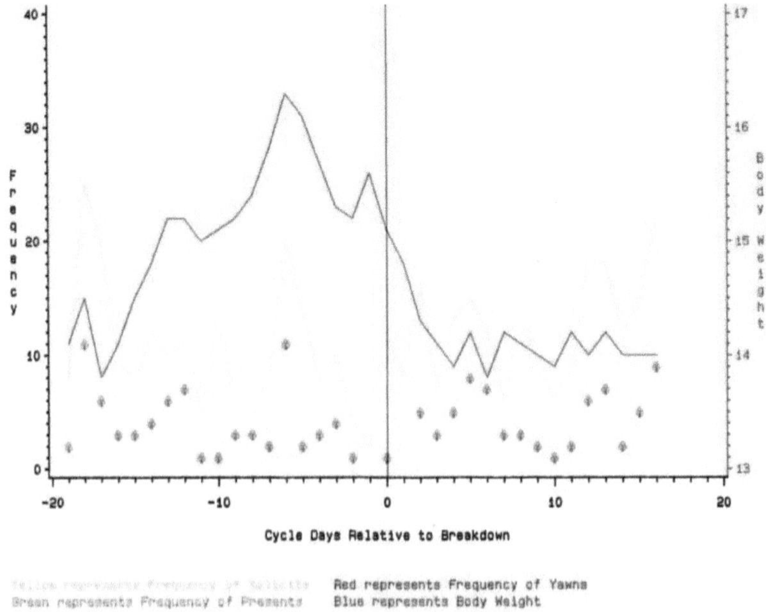

Figura 21.A. Mulher 83 - NOPANTS

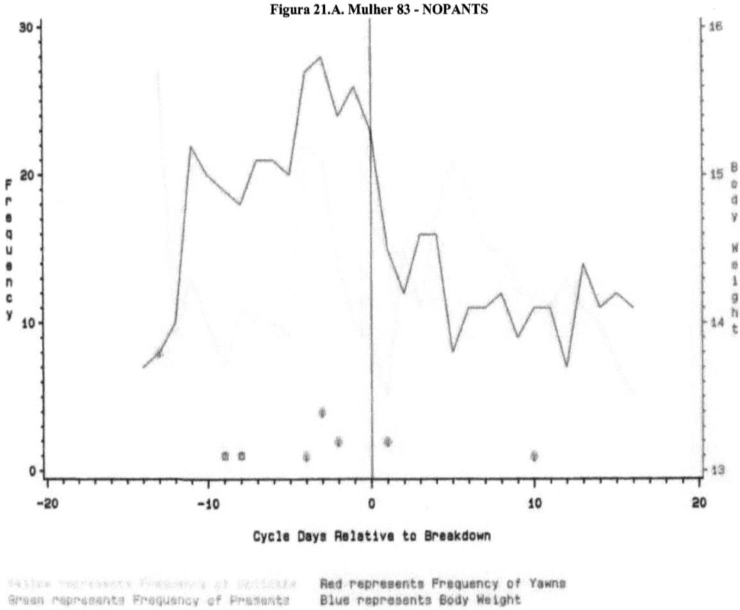

Figura 21.B. Mulher 83 - CALÇAS

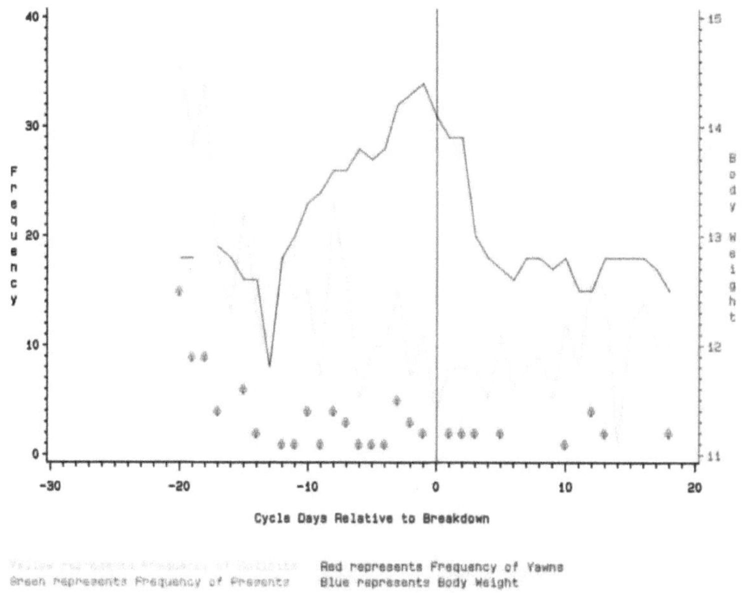

Figura 22.A. DB-9 fêmea - NOPANTS

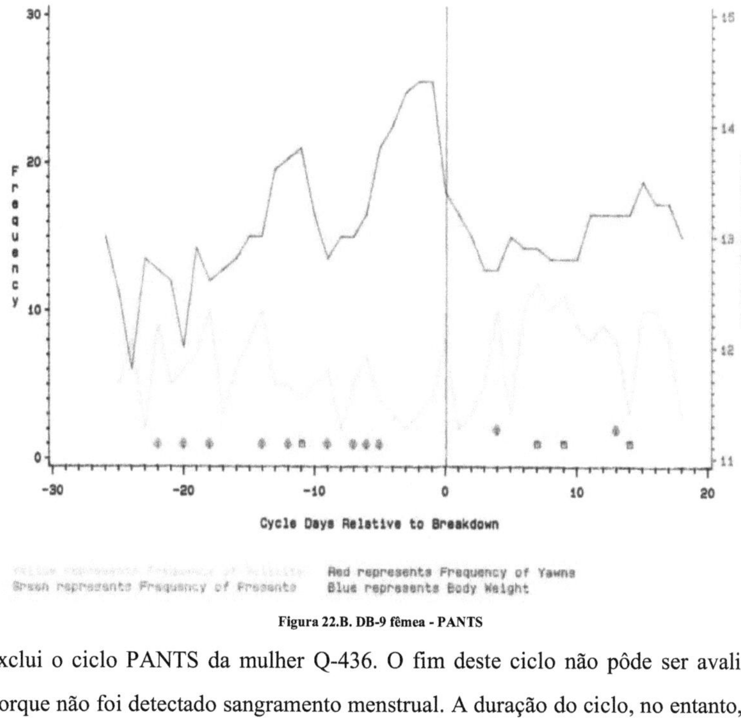

Figura 22.B. DB-9 fêmea - PANTS

exclui o ciclo PANTS da mulher Q-436. O fim deste ciclo não pôde ser avaliado porque não foi detectado sangramento menstrual. A duração do ciclo, no entanto, foi estimada em 29 dias, conforme inferido a partir da curva de peso corporal (Figura 23).

O sangramento foi considerado apenas para os ciclos NOPANTS e variou de 3 dias para a fêmea 83 a 5 dias para as outras duas fêmeas.

Para as três fêmeas, o peso corporal aumentou num incremento médio de 1,95 ± 0,36 kg em relação ao peso médio registado no primeiro dia do ciclo (14,53 ± 1,85 kg). O peso da fêmea Q-436 variou, durante o ciclo PANTS, de 16,7 a 18,8 kg, um aumento de 2,1 kg. O aumento do seu peso corporal durante o ciclo NOPANTS foi de 2,2 kg, de 17,0 para 19,2 kg. O primeiro

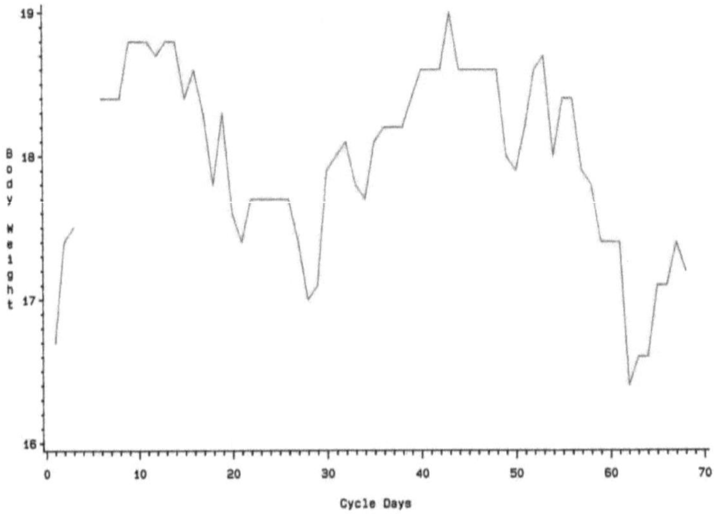

Figura 23. Mulher Q-436 - Peso corporal ao longo de dois ciclos menstruais

quilograma extra foi ganho no prazo de 5 dias durante o PANTS e no prazo de 7 dias durante o NOPANTS. O segundo quilograma extra foi ganho no prazo de 9 e 12 dias dos ciclos PANTS e NOPANTS, respetivamente. Durante o PANTS, o peso máximo foi atingido no dia 9 (BD-6) e foi mantido durante 6 dias e, durante o NOPANTS, foi atingido no dia 12 (BD-9) e foi mantido durante 9 dias. Durante o ciclo PANTS, a fêmea demorou 14 dias a registar uma diminuição do seu peso corporal. O tempo equivalente para o ciclo NOPANTS foi de 20 dias (Figura 20). O peso da fêmea 83 durante o ciclo PANTS variou de 13,7 a 15,8 kg, um aumento de 2,1 kg. Durante o ciclo NOPANTS, o seu peso aumentou de 14,0 para 16,3 kg. No ciclo PANTS, o primeiro quilograma extra foi ganho no dia 4 (BD-11), o segundo quilograma extra no dia 11 (BD-4), e o peso total foi mantido durante quatro dias. Durante o ciclo

NOPANTS, o aumento de peso foi mais lento: um aumento de 1 kg foi atingido no oitavo dia e o peso máximo foi atingido no décimo quarto dia (BD-7) e depois mantido durante 7 dias. Foram necessários 14 e 20 dias para que o peso desta fêmea começasse a diminuir durante os ciclos PANTS e NOPANTS, respetivamente (Figura 21). O peso inicial da fêmea DB-9 durante o ciclo PANTS foi de 13,0 kg e aumentou até um máximo de 14,4 kg no dia 25 (BD-2). O seu peso flutuou em torno da linha de base durante 13 dias e depois começou a aumentar, de modo que o primeiro quilograma extra foi atingido no vigésimo terceiro dia (BD-4). O peso total foi mantido durante 4 dias. Um padrão semelhante foi demonstrado pelo aumento de peso durante o ciclo NOPANTS. A fêmea começou com um peso de 12,8 kg (na verdade, o peso registado no segundo dia deste ciclo, faltando o do primeiro dia). Depois de flutuar em torno da linha de base durante 10 dias, o seu peso começou a aumentar e 1 kg (95% do aumento) tinha sido ganho no dia 16 (BD-6). O seu peso total de 14,4 kg manteve-se durante 6 dias. A queda súbita do peso corporal ocorreu após 26 dias do ciclo PANTS e 21 dias do ciclo NOPANTS (Figura 22).

Os comportamentos das fêmeas ocorreram com diferentes frequências. O bocejo foi raro (Total N=52, intervalo 0-4): o seu desempenho médio por observação variou entre 0,00 para as fêmeas 83 e DB-9 durante o ciclo NOPANTS e 0,78 para a fêmea Q-436 durante o ciclo PANTS (Tabela 15). Os presentes femininos foram realizados por todas as fêmeas, com exceção da fêmea Q-436 durante o ciclo PANTS. O desempenho médio mais elevado foi de 3,94, registado pela Fêmea 83 durante o ciclo NOPANTS (Tabela 16). As prendas de contacto visual constituíram sempre a maioria (91%) das prendas dadas. Constituíram, respetivamente, 100% das prendas do ciclo Q-436-NOPANTS, 84,26% e 92,30% dos ciclos DB-9-NOPANTS e PANTS, e 83,68%

TABLE 15

Frequências (médias + DP) de bocejos femininos ao longo dos ciclos menstruais, quando as mulheres estão a usar calças (PANTS) e quando não estão a usár calças (NOPANTS).

Female Subjects and Experimental Cycles	Cycle Phases					
	1	2	3	4	5	ALL
DB-9 NO PANTS	0.00	0.00	0.00	0.00	0.00	0.00
DB-9 PANTS	0.00	0.10 ± 0.31	0.00	0.00	0.20 ± 0.41	0.09 ± 0.29
Q-436 NO PANTS	1.00	1.11 ± 1.36	0.44 ± 0.72	0.40 ± 0.54	0.53 ± 0.77	0.64 ± 0.91
Q-436 PANTS	1.00	0.83 ± 1.60	0.50 ± 0.54	0.28 ± 0.48	1.32 ± 1.30	0.78 ± 1.10
83 NO PANTS	0.00	0.00	0.00	0.00	0.00	0.00
83 PANTS	0.00	0.25 ± 0.46	0.00	0.00	0.00	0.06 ± 0.25
NO PANTS	0.07 ± 0.27	0.37 ± 0.92	0.22 ± 0.54	0.11 ± 0.33	0.18 ± 0.51	0.21 ± 0.60
PANTS	0.07 ± 0.26	0.33 ± 0.86	0.23 ± 0.43	0.11 ± 0.33	0.41 ± 0.85	0.27 ± 0.69
ALL	0.07 ± 0.26	0.35 ± 0.89	0.22 ± 0.49	0.11 ± 0.32	0.29 ± 0.70	0.24 ± 0.64

Note. a>b; *≠* : P≤0.05.

TABLE 16

Frequências (médias + DP) das mulheres Presentes ao longo dos ciclos menstruais, quando as mulheres estão a usar calças (PANTS) e quando não estão a usár calças (NOPANTS).

Female Subjects and Experimental Cycles	Cycle Phases					
	1	2	3	4	5	ALL
DB-9 NO PANTS	5.11 ± 5.10^{a}	2.00 ± 1.41	3.33 ± 1.52	1.14 ± 1.06^{b}	0.75 ± 1.28^{b}	2.28 ± 3.10*
DB-9 PANTS	0.33 ± 0.49	0.50 ± 0.52	0.00	0.00	0.26 ± 0.70	0.29 ± 0.55*
Q-436 NO PANTS	0.00	0.11 ± 0.33	0.33 ± 0.70	0.00	0.07 ± 0.22	0.13 ± 0.41
Q-436 PANTS	0.00	0.00	0.00	0.00	0.00	0.00
83 NO PANTS	6.33 ± 4.50	3.30 ± 1.94	3.50 ± 3.93	2.80 ± 2.28	4.58 ± 2.74	3.94 ± 2.87*
83 PANTS	8.00^{a}	0.00^{b}	1.75 ± 1.70^{b}	0.33 ± 0.81^{b}	0.09 ± 0.30^{b}	0.60 ± 1.65*
NO PANTS	5.00 ± 4.83	1.85 ± 1.93	1.88 ± 2.76	1.29 ± 1.72	1.75 ± 2.61	2.10 ± 2.89
PANTS	0.85 ± 2.10^{a}	0.20 ± 0.41	0.53 ± 1.19^{a}	0.11 ± 0.48^{b}	0.14 ± 0.50^{b}	0.30 ± 0.98
ALL	2.85 ± 4.17^{a}	1.07 ± 1.64^{b}	1.32 ± 2.31^{b}	0.70 ± 1.38^{b}	0.98 ± 2.07^{b}	1.24 ± 2.37

Note. a>b; *≠* : P≤0.05.

e 94,44% dos ciclos 83-NOPANTS e PANTS femininos. Os dois tipos de presentes (contacto ocular e não contacto ocular) foram, portanto, considerados em conjunto para efeitos de análise estatística. O estalar de lábios foi o comportamento mais frequente observado, variando entre uma média por observação de 4,72, para a Fêmea Q-436 durante o NOPANTS, e uma média por observação de 12,10, para a Fêmea 83 durante o ciclo PANTS (Tabela 17).

A resposta média dos homens variou entre 0,03 para a fêmea do ciclo 83-PANTS e um máximo de 5,11 para a fêmea do ciclo DB-9-PANTS (Quadro 18).

Quando o comportamento de cada fêmea foi considerado em relação às duas condições experimentais, foram encontradas diferenças consistentes entre os ciclos NOPANTS e PANTS na frequência dos presentes das fêmeas. Estas diminuíram em todas as fêmeas durante o ciclo NOPANTS, as diferenças

TABLE 17

Frequências (médias + DP) de estalos labiais femininos ao longo dos ciclos menstruais, quando as mulheres estão a usar calças (PANTS) e quando não estão a usar calças (NOPANTS).

Female Subjects and Experimental Cycles	Cycle Phases					
	1	2	3	4	5	ALL
DB-9 NO PANTS	16.00 ± 5.22^a	10.50 ± 4.65^b	7.66 ± 3.21^b	6.00 ± 1.52^b	9.25 ± 3.64^b	10.35 ± 5.14*
DB-9 PANTS	6.25 ± 2.30	4.10 ± 1.19^b	3.00 ± 1.00^b	4.50 ± 2.64^b	8.00 ± 2.95^a	5.97 ± 2.84*
Q-436 NO PANTS	2.00	5.22 ± 2.77	5.44 ± 3.43	4.80 ± 3.49	4.07 ± 2.39	4.72 ± 2.85
Q-436 PANTS	6.00	3.83 ± 1.47^b	4.50 ± 2.88	2.85 ± 1.06^b	7.37 ± 3.02^a	4.82 ± 2.78
83 NO PANTS	11.33 ± 4.61^a	5.40 ± 2.87^b	6.16 ± 3.76^b	8.40 ± 2.88	8.41 ± 3.08	7.44 ± 3.54*
83 PANTS	19.00	9.87 ± 1.72	15.00 ± 4.96	12.66 ± 6.37	11.72 ± 3.84	12.10 ± 4.36*
NO PANTS	13.84 ± 6.20	6.85 ± 4.11	6.05 ± 3.40	6.35 ± 2.84	7.16 ± 3.78	7.56 ± 4.59
PANTS	7.14 ± 4.01	5.95 ± 3.15^b	7.38 ± 6.17	6.70 ± 5.95^b	9.05 ± 3.70^a	7.46 ± 4.52
ALL	10.37 ± 6.12^a	6.43 ± 3.68^b	6.61 ± 4.71^b	6.52 ± 4.60^b	8.07 ± 3.83^b	7.51 ± 4.54

Note. a >b; *≠* : P≤0.05.

TABLE 18

Ocorrências (Médias ♦ DP) da Resposta Masculina ao longo dos ciclos menstruais das mulheres, quando as mulheres estão a usar calças (PANTS) e quando não estão a usar calças (NOPANTS).

Female Subjects and Experimental Cycles	Cycle Phases					
	1	2	3	4	5	ALL
DB-9 NO PANTS	3.22 ± 2.99^b	6.75 ± 4.20^a	9.66 ± 0.57^a	4.28 ± 2.05	1.25 ± 1.28^b	$4.02 \pm 3.60^*$
DB-9 PANTS	6.58 ± 2.35^a	5.30 ± 1.49	2.66 ± 2.08^b	5.25 ± 0.95	4.26 ± 1.48^b	$5.11 \pm 2.03^*$
Q-436 NO PANTS	1.00	3.22 ± 2.16	4.88 ± 4.72^a	1.60 ± 1.14^b	1.46 ± 0.87^b	2.72 ± 2.91
Q-436 PANTS	4.00	3.00 ± 2.00	4.66 ± 0.81	3.42 ± 2.14	3.37 ± 1.50	3.60 ± 1.68
83 NO PANTS	0.00	2.30 ± 1.25	3.00 ± 1.26	0.00^b	0.16 ± 0.38	$1.19 \pm 1.50^*$
83 PANTS	1.00^a	0.00^b	0.00^b	0.00^b	0.00^b	$0.03 \pm 0.18^*$
NO PANTS	2.30 ± 2.83^b	3.92 ± 3.22^a	5.05 ± 4.03^a	2.23 ± 2.33^b	0.97 ± 1.06^b	2.68 ± 3.04
PANTS	6.00 ± 2.68^a	2.95 ± 2.67^b	2.76 ± 2.31^b	2.64 ± 2.54^b	2.67 ± 2.25^b	3.20 ± 2.67
ALL	4.22 ± 3.29^a	3.47 ± 2.98^a	4.09 ± 3.56^a	2.44 ± 2.41^b	1.78 ± 1.92^b	2.93 ± 2.87

Note. $a > b$; $* \neq *$: $P \leq 0.05$.

sendo significativos nas fêmeas DB-9 e 83 (Tabela 16 e Figuras 20, 21, 22). Em vez disso, os bocejos aumentaram em todas as fêmeas durante o ciclo PANTS, embora, provavelmente devido ao pequeno número de indivíduos envolvidos, os aumentos não tenham sido estatisticamente significativos (Tabela 15 e Figuras 20, 21, 22). Não foi possível encontrar tendências distintivas nas estaladas labiais: aumentaram significativamente na fêmea 83 durante o ciclo PANTS, diminuíram significativamente na fêmea DB-9 no mesmo ciclo e mantiveram-se praticamente inalteradas na fêmea Q-436 (Tabela 17). As solicitações, a combinação de estalidos labiais e presentes, seguem a tendência dos estalidos labiais (Figuras 20, 21, 22).

De um modo geral, as fêmeas foram significativamente mais activas durante a fase 1 do ciclo, quando apresentaram as frequências mais elevadas de presentes e de estalos (Quadros 16 e 17).

Se considerarmos os ciclos das três fêmeas em conjunto em cada uma das condições experimentais e compararmos as frequências de comportamento para cada fase, é evidente que os presentes são reduzidos em todas as fases dos ciclos NOPANTS para

PANTS, embora a diferença seja mais acentuada nas fases 1 e 2 e menos acentuada na fase 3 (Tabela 16 e Figura 24). Os lábios, por seu lado, são muito reduzidos apenas nas fases 1 e 2 e aumentam ligeiramente durante a fase 3 (quadro 17 e figura 25). Se os presentes forem combinados com os estalos labiais como solicitações, as curvas obtidas mostram mais claramente uma grande redução do comportamento feminino durante as fases 1 e 2, durante as condições experimentais do PANTS, enquanto o comportamento mostra um padrão notavelmente semelhante para as outras três fases (fases 3, 4 e 5) do ciclo (Figura 26). A diferença nas duas primeiras fases, entre as duas condições experimentais, é mais claramente visível quando se calcula a média das duas fases, ou seja, quando se efectua a soma das mesmas e se traçam os valores médios obtidos (Figura 27).

A resposta média dos machos por ciclo experimental para as duas fêmeas, que foram expostas ao mesmo número de machos (Fêmeas DB-9 e Q-436), aumenta durante o ciclo PANTS enquanto que diminui para a Fêmea 83 no mesmo ciclo (Tabela 18). A resposta dos machos mostra, pelo contrário, grandes diferenças entre as duas condições experimentais na forma da sua distribuição (ver Figuras 28, 29, 30); e para uma comparação direta das distribuições, ver Figura 31). Quando as fases dos ciclos NOPANTS são comparadas entre si, são encontradas diferenças significativas, com as fases 2 e 3 a apresentarem as frequências mais elevadas. Em contraste, não são encontradas diferenças significativas entre as cinco fases durante o ciclo PANTS, embora uma alta

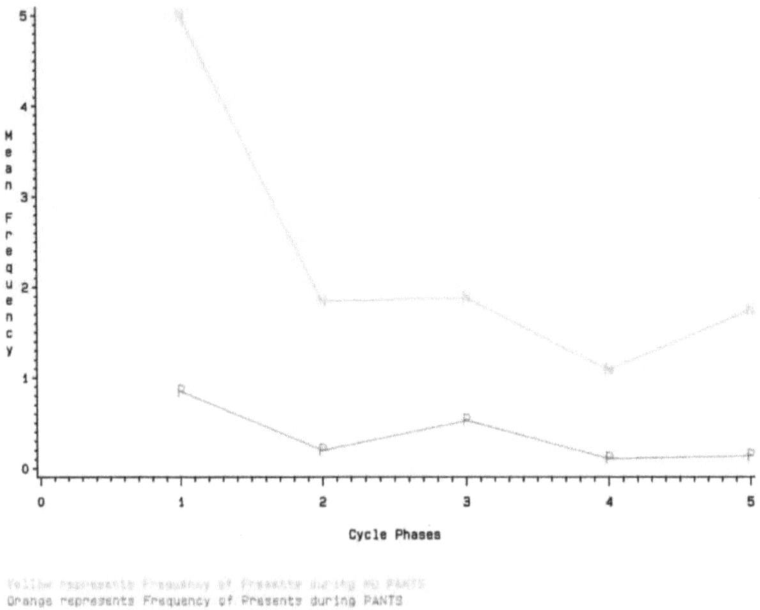

Figura 24. Presenças femininas durante os ciclos PANTS vs. durante os ciclos NOPANTS

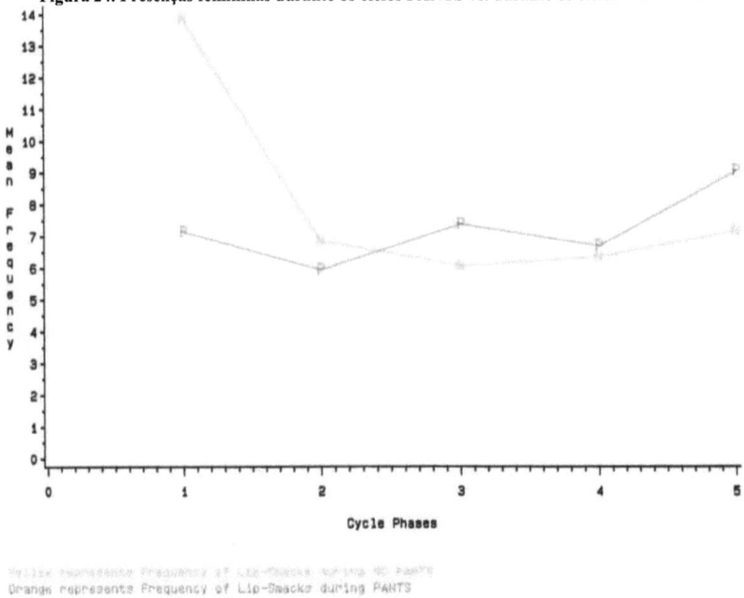

Figura 25. Mordidelas labiais femininas durante os ciclos PANTS vs durante os ciclos NOPANTS

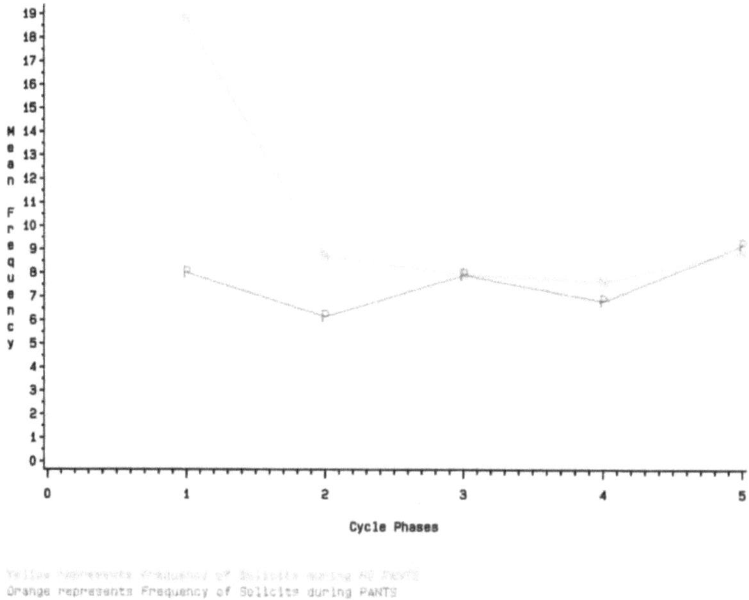

Figura 26. Solicitações femininas durante os ciclos PANTS vs durante os ciclos NOPANTS

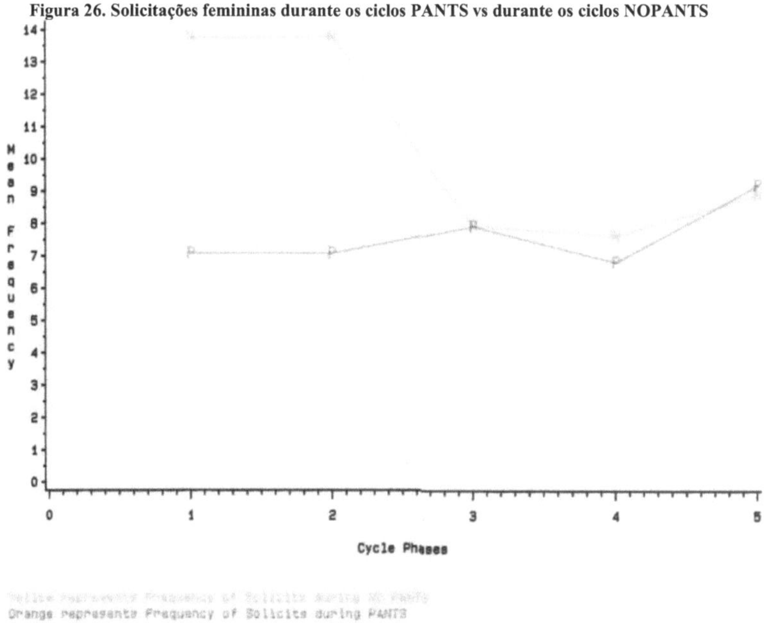

Figura 27. Solicitações femininas durante os ciclos PANTS e NOPANTS com média das fases 1 e 2

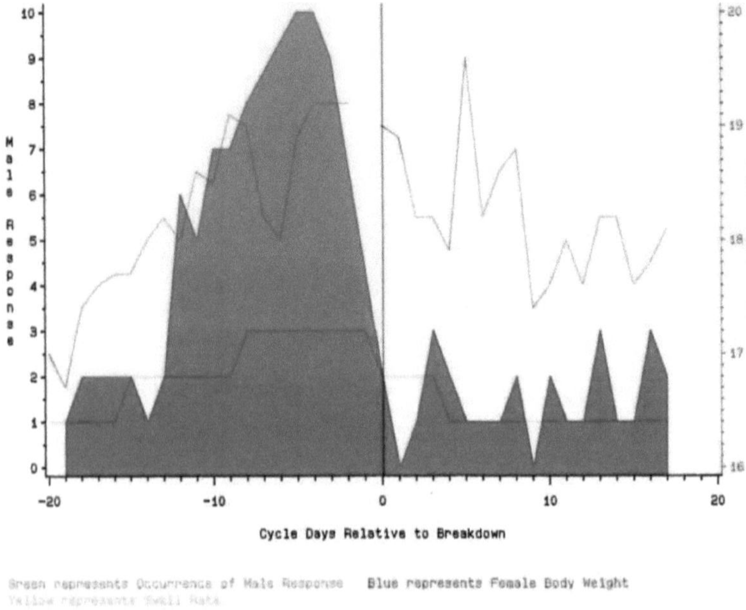

Figura 28.A. Fêmea Q-436 - NOPANTS

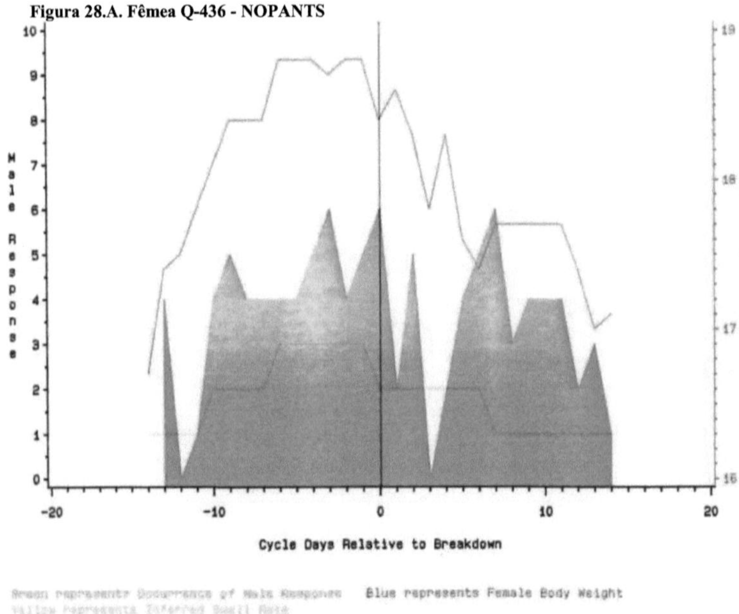

Figura 28.B. Fêmea Q-436 - CALÇAS

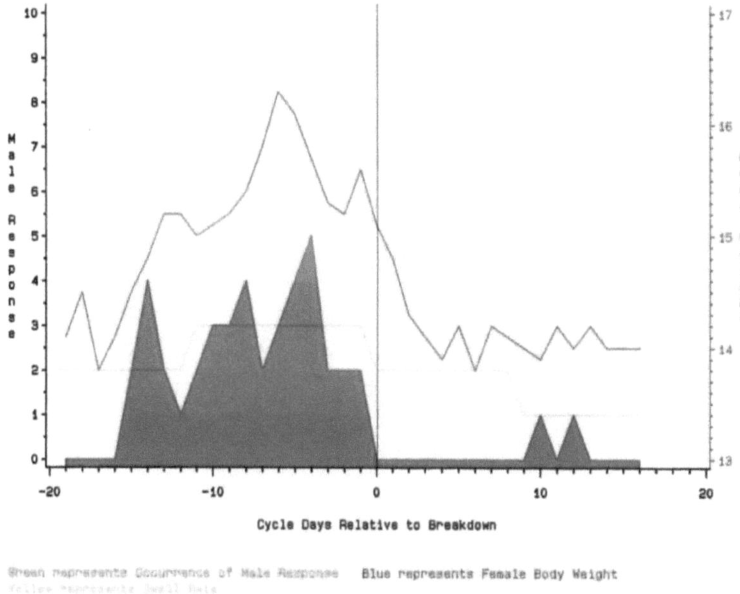

Figura 29JL Fêmea 83 - NOPANTS

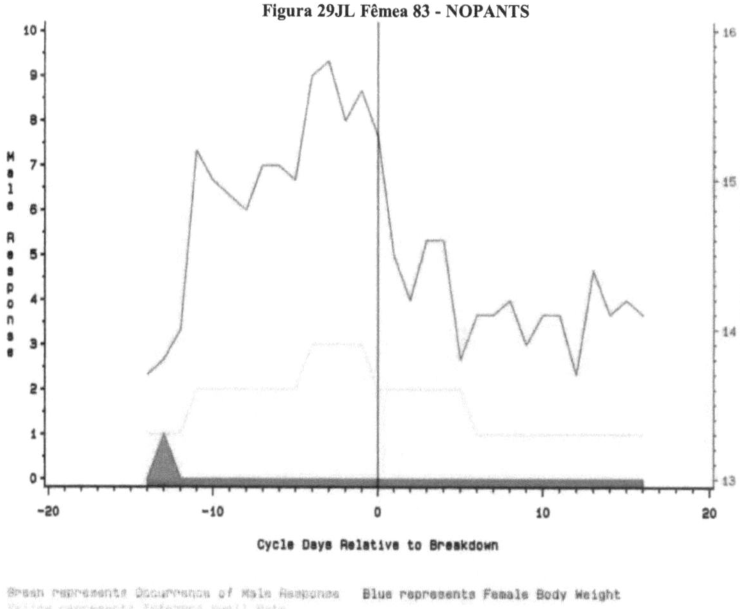

Figura 29.B. Mulher 83 - CALÇAS

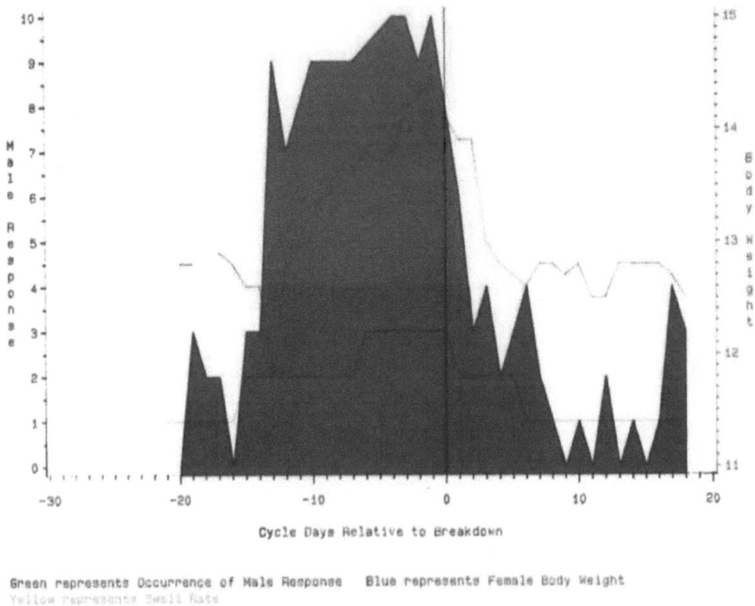

Figura 30.A. DB-9 fêmea - NOPANTS

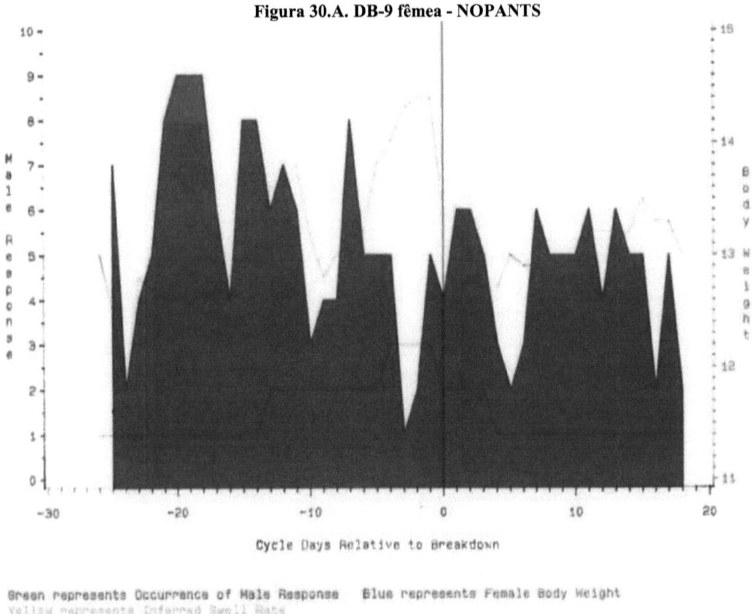

Figura 30.B. DB-9 fêmea - PANTS

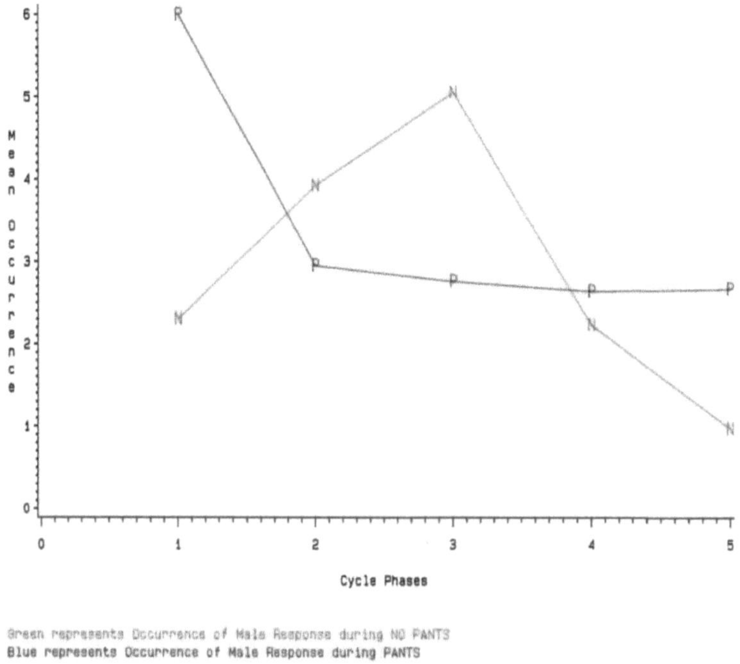

Figura 31. Resposta masculina durante os ciclos PANTS vs durante os ciclos NOPANTS

O nível de resposta dos machos é observado durante a fase 1 (Tabela 18). A resposta masculina não parece estar correlacionada com o comportamento da fêmea, mas sim com o aumento do peso corporal da fêmea e, por conseguinte, com o inchaço perineal, durante os ciclos NOPANTS (Figuras 28, 29, 30). Este facto é ainda mais evidente quando se comparam as respostas dos machos com as solicitações das fêmeas nos três ciclos PANTS (figura 32) e NOPANTS (figura 33).

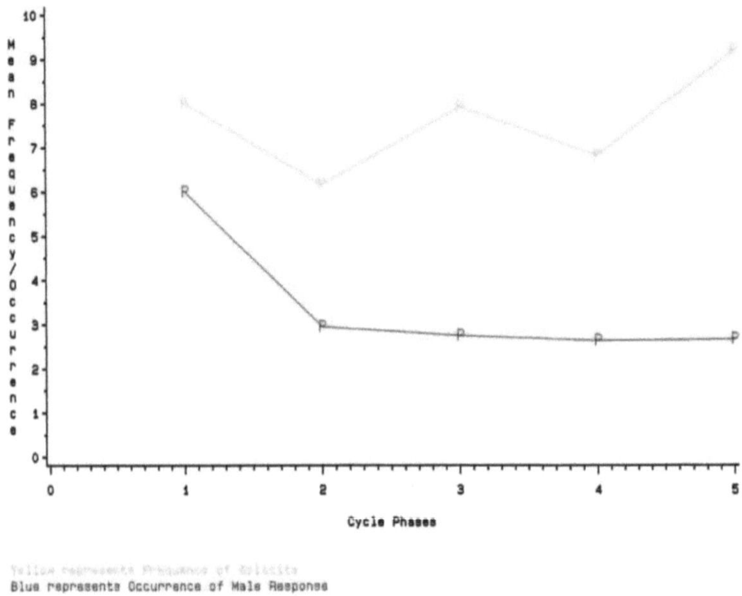

Figura 32. **Solicitações femininas versus resposta masculina durante os ciclos PANTS**

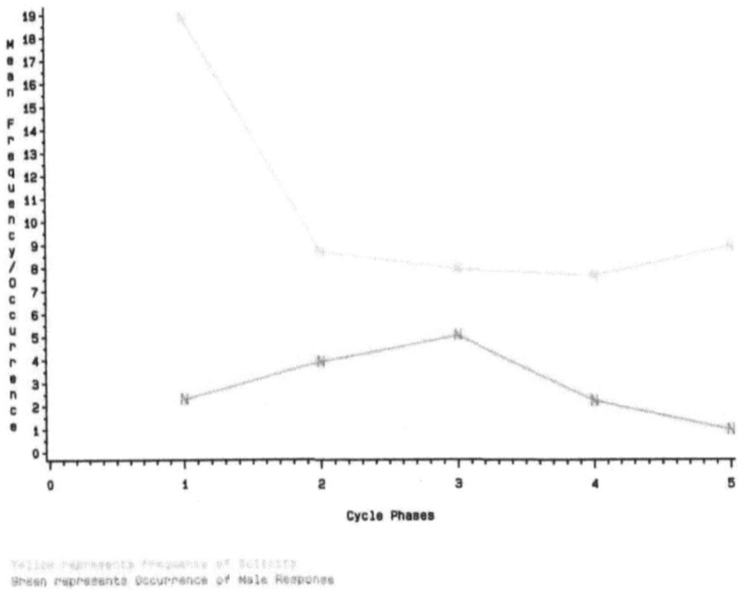

Figura 33. Solicitações femininas versus resposta masculina durante os ciclos NOPANTS

6.4. DISCUSSÃO

Todos os ciclos menstruais estavam dentro dos limites descritos por Gillman e Gilbert (1946). Os perfis de peso corporal obtidos neste estudo coincidem com os descritos por Bielert e Busse (1983) para o babuíno chacma. Estes autores referiram o seguinte: um peso médio de 17 ± 2,8 kg com uma variação de 13,7 a 25,1 kg; um aumento médio do peso corporal ao longo do ciclo menstrual de 2,4 ± 0,9 kg; um intervalo médio entre a obtenção do peso corporal máximo e o dia da menstruação de 2,4 dias, com o primeiro a ocorrer em qualquer altura entre o dia 8 e o dia 1 da menstruação. Todos os ciclos, incluindo o ciclo PANTS problemático da fêmea Q-436, podem, por conseguinte, ser considerados normais e ovulatórios.

Os perfis obtidos para o comportamento de solicitação das fêmeas ao longo das fases do ciclo para as duas condições experimentais são muito semelhantes às curvas encontradas na experiência anterior (Capítulo 5), em particular a curva obtida nos ciclos FF. As frequências do comportamento de solicitação são mais elevadas durante a fase 1, diminuem durante as fases 2, 3 e 4, e voltam a aumentar durante a fase 5. A semelhança das curvas obtidas nas duas experiências, em particular com os ciclos FF, reforça a interpretação de que a discrepância encontrada na experiência anterior entre as fases 1 das curvas FF e FM é um artefacto causado pela pequena dimensão da amostra utilizada. Sugere também que a subdivisão do ciclo menstrual em fases através das flutuações do peso corporal é tão adequada, talvez mesmo mais exacta, do que a subdivisão em função do grau de dilatação sexual.

Quando todos os ciclos das duas experiências, nomeadamente a Experiência 5 e a Experiência 6, são combinados, obtém-se uma curva em que os valores mais elevados são pós-menstruais, ou seja, na fase 1 (Figura 34). Estes valores diminuem gradualmente em direção à fase periovulatória, atingindo o seu ponto mais baixo durante a fase 4, a fase lútea inicial, e começam a aumentar novamente durante a fase lútea tardia ou pré-menstrual, a fase 5. Embora o mecanismo hormonal envolvido não seja conhecido e só possa ser inferido (ver Capítulo 5 para uma discussão sobre o assunto), parece claro que o comportamento de solicitação das fêmeas está sob controlo hormonal e que, em resposta à questão colocada por Hausfater e Skoblick (1975), o comportamento apresenta níveis normais durante a fase perimenstrual e é suprimido por volta da ovulação.

Foi encontrada uma diminuição uniforme dos presentes ao longo do ciclo menstrual, no ciclo PANTS. Isto pode ser outra indicação da suscetibilidade deste comportamento, entre os comportamentos proceptivos femininos, ao ambiente

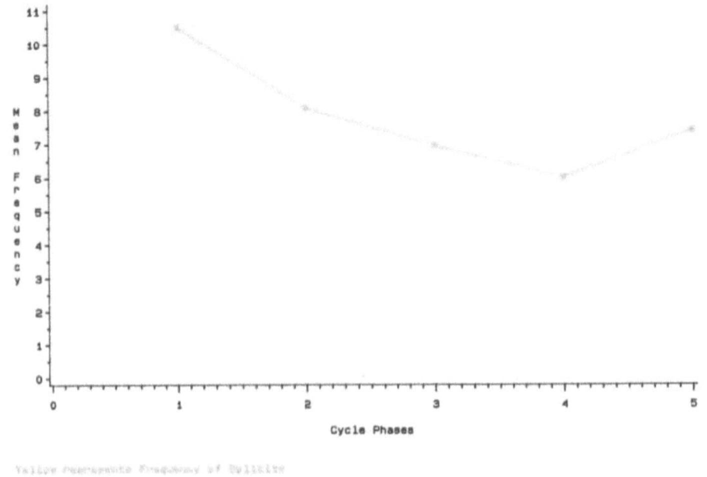

Figura 34. Solicitações femininas para todos os ciclos menstruais combinados

e, por conseguinte, da sua falta de fiabilidade como indicador da atividade ovárica da mulher.

Como os resultados mostram claramente, a resposta masculina depende apenas da presença de um inchaço visível. De facto, a resposta masculina segue de perto o padrão do inchaço, passo a passo, como demonstrado em estudos anteriores (Bielert et al., 1980; Bielert, 1982; Bielert e Anderson, 1985; Bielert et al., 1986; Bielert e Girolami, 1986; Girolami e Bielert, 1987) e no Capítulo 4. Quando o inchaço é visível, a resposta masculina não está relacionada com as solicitações femininas (Figura 33). Esta falta de correlação já foi assinalada (ver capítulo 4; Bielert e Girolami, 1986; Girolami e Bielert, 1987). Quando o inchaço é escondido, a reação do macho segue de muito perto o comportamento da fêmea durante a fase 1. No entanto, a semelhança entre as duas curvas não se mantém nas outras fases (figura 32).

Uma vez que as solicitações das fêmeas são normalmente elevadas, em combinação com um períneo plano, durante a fase 1 (Figura 33 e Capítulo 5, Figura 18), apresentando os machos, pelo contrário, taxas de resposta muito baixas, o elevado nível de resposta dos machos aqui registado não deve ser visto como dependente do comportamento das fêmeas, mas antes como uma reação à novidade constituída pela mudança de aspeto do períneo das fêmeas. Esta explicação explicaria também a manutenção de baixos níveis de resposta masculina durante o resto do ciclo após a fase inicial. Em suma, os machos não respondem aos comportamentos de solicitação das fêmeas: isto é, não se excitam nem respondem aos comportamentos das fêmeas, mas respondem e excitam-se com a visão de um inchaço completo.

É apropriado comentar os níveis de resposta masculina encontrados nesta experiência durante a exposição a um períneo plano ou escondido. Com o grupo mais pequeno de machos, a resposta masculina aproximou-se de zero. Esta tem sido a norma para este tamanho de grupo em experiências anteriores e é corroborada por resultados de estudos de campo. Este facto leva-nos a pensar que os machos não são normalmente excitados por um períneo liso. Numa determinada fase desta experiência, foram acrescentados homens ao grupo para aumentar o tamanho da amostra. Infelizmente, isto causou um aumento do estado de ativação nos machos, possivelmente causando um limiar de excitação mais baixo, de modo que os machos mostraram níveis de resposta a períneos planos ou escondidos ligeiramente superiores a zero. Assim, este facto não deve ser interpretado como uma excitação masculina causada por períneos planos ou ocultos, mas apenas como uma mudança na linha de base.

O procedimento experimental teve efeitos claros no comportamento das fêmeas. Parece que a aplicação de calças afectou mais o comportamento feminino no início do ciclo, durante as fases 1 e 2. Além disso, os presentes e os estalos labiais foram afectados de forma diferenciada. A redução registada nas duas primeiras fases do ciclo pode ser vista como uma fase de adaptação à nova situação. É de recordar que a fase folicular é a fase do ciclo mais suscetível às alterações ambientais (ver Capítulo 5 - Discussão). A este respeito, as fêmeas podem estar a reagir a dois factores diferentes. Em primeiro lugar, podem estar a adaptar-se ao desconforto ou ao impedimento de mobilidade causado pelo vestuário.

Em segundo lugar, poderiam estar a ajustar-se a uma reação dos machos à alteração da aparência da fêmea. Qualquer uma das hipóteses pode estar correta e talvez ambos os factores possam ter contribuído para a alteração dos níveis de comportamento das fêmeas. No entanto, não houve evidência de qualquer anormalidade no movimento das fêmeas quando usavam as calças. Elas continuaram a subir e a descer a prateleira como antes. Por esta razão, a segunda hipótese parece mais adequada. A redução homogénea dos presentes ao longo do ciclo pode também ser explicada pela dificuldade que as fêmeas podem ter tido nos seus movimentos, ou pode ser explicada pelo facto de os presentes terem perdido o seu valor comunicativo, uma vez que a fêmea não tinha agora um períneo visível para mostrar. Não recebendo o feedback adequado dos machos, as fêmeas não se apresentaram com tanta frequência. Esta interpretação é apoiada pelo pequeno aumento do número de presentes e de estalos labiais das fêmeas durante a fase 3 dos ciclos PANTS. Este aumento parece ser causado por um ambiente só de machos (tal como demonstrado na experiência anterior, Capítulo 5) e também parece plausível que a razão para tal seja o facto de as fêmeas saberem que, durante o inchaço total, têm mais hipóteses de iniciar a interação com os machos (ver 5.3. acima). Talvez as fêmeas tenham tentado de novo, num período mais favorável, obter uma resposta dos machos.

Se os presentes não estimularem a resposta adequada, os estalos labiais poderão fazê-lo, uma vez que apenas a aparência do "traseiro" mudou. Isto pode explicar o aumento do número de estalos labiais durante as fases 4 e 5 do ciclo PANTS em comparação com as mesmas fases do ciclo NOPANTS. É então plausível que as fêmeas tenham aprendido a utilizar o comportamento mais adequado às circunstâncias. O aumento dos bocejos durante o PANTS também pode ser interpretado como um sinal de desconforto e/ou, eventualmente, como um sinal de conflito relativamente ao comportamento mais adequado.

O pequeno aumento de presentes encontrado durante a fase 3 do NOPANTS repete-se na mesma fase durante o ciclo PANTS. Para além disso, os "lipsmacks" durante a fase 3 do PANTS foram ainda mais frequentes do que na mesma fase do NOPANTS. Estes resultados sugerem que as mulheres, e possivelmente as babuínas em geral, não estão conscientes das suas mudanças de atratividade e do facto de que o aumento da sua taxa de sucesso pode ser devido ao aumento da sua atratividade (ver 5.3.). Se as fêmeas experimentais estivessem conscientes da sua atratividade, ou em particular da sua falta de atratividade, durante a fase 3 dos ciclos PANTS, não deveriam ter aumentado as suas solicitações, mas deveriam, pelo contrário, ter adaptado o seu comportamento ao dos machos através de uma redução das solicitações. Pela mesma razão, na experiência 4, as mulheres deveriam ter aumentado as suas solicitações quando usavam o inchaço artificial.

Em resumo, esta experiência mostrou que a ocultação do inchaço do períneo abole completamente a resposta masculina, ou a reduz drasticamente em relação aos níveis mostrados quando o inchaço é visível. Este facto confirma que a excitação masculina depende do estímulo visual de um períneo inchado e não está relacionada com o comportamento de solicitação das mulheres. O uso de calças teve um efeito complexo no comportamento de solicitação das mulheres, que pode ser explicado pelo desconforto físico causado pela peça de vestuário ou por alterações na interação visual entre homens e mulheres devido à ocultação do períneo. A última interpretação parece mais plausível. Além disso, parece que o comportamento de solicitação da fêmea é utilizado pelo babuíno como um sinal e não como um estímulo excitante.

CAPÍTULO 7

DISCUSSÃO GERAL E CONCLUSÕES

Os resultados obtidos sugerem que as fêmeas das duas espécies em análise modulam o comportamento copulatório de duas formas. Os macacos-vervet utilizam principalmente comportamentos proceptivos, enquanto os babuínos utilizam o seu inchaço perineal. Em ambas as espécies, os comportamentos proceptivos das fêmeas tendem a aumentar a probabilidade de cópula, mas não têm um efeito excitante nos machos. Os inchaços perineais das fêmeas de babuíno também aumentam a probabilidade de cópulas, mas, ao contrário dos comportamentos de procepção, despertam os machos. Na descrição de Beach (1976) dos três aspectos da sexualidade feminina nos mamíferos, isto é, recetividade, proceptividade e atratividade, a proceptividade e a recetividade eram constituídas apenas por comportamentos, enquanto a atratividade incluía traços físicos e comportamentos. De acordo com a sua classificação, o inchaço do períneo deve ser considerado como atrativo, enquanto os comportamentos de solicitação são simultaneamente proceptivos e atractivos. No entanto, uma vez que os comportamentos em si não se revelaram excitantes, não devem ser considerados atractivos. A classificação de Beach, no que diz respeito aos primatas, poderia muito bem ser reconsiderada de modo a que apenas os traços que induzem e regulam a excitação masculina de uma forma quantitativa, como faria um estímulo gestual, sejam definidos como atractivos. A existência de manifestações comportamentais ou vocais, que poderiam ter esse efeito nos machos, ainda está a ser discutida (Hrdy e Whitten, 1987).

A sensibilidade ao estrogénio dos comportamentos femininos e a elaboração perineal sugerem que o comportamento feminino e o inchaço perineal têm a função de aumentar a probabilidade de cópulas durante o período de fertilidade máxima, uma vez que os estrogénios são mais elevados na altura da ovulação. Parece, neste momento, que os macacos-vervet e os babuínos adoptaram dois sistemas diferentes para servir o mesmo objetivo, o primeiro baseado na proceptividade e o segundo na atratividade.

Nos musaranhos e nos prossímios, as alterações comportamentais induzidas pelas hormonas parecem estar associadas a alterações na atratividade (Conaway e Sorenson, 1966; Eaton et al., 1973; Doyle et al., 1967; Dixson, 1978). É, de facto, o que acontece na maioria das fêmeas de mamíferos e foi definido como estro (Lisk, 1978). O grau de utilização do comportamento proceptivo nos musaranhos e nos prossímios varia, mas, em geral, os comportamentos proceptivos não estão bem desenvolvidos e as principais alterações comportamentais provocadas pelos esteróides ováricos são ao nível da recetividade. Em vez disso, a atratividade é constituída por sinais químicos (Hrdy e Whitten, 1987). A passagem da atratividade química para a atratividade visual é compreensível, como sugerido também por Dixson (1983c), tendo em conta a importância crescente que o sistema visual adquiriu nos primatas em detrimento do sistema olfativo (Ankel-Simons, 1983).

As fêmeas de macaco vervet, na investigação em discussão, mostraram uma sensibilidade aos estrogénios nos seus comportamentos receptivos. Também as fêmeas de babuínos mostraram uma sensibilidade dos comportamentos proceptivos aos estrogénios mas, neste caso, com a possível exceção de uma pequena parte dos presentes, o efeito hormonal foi negativo. Parece possível que os sistemas de comunicação adoptados pelos macacos-vervet e pelos babuínos tenham tido origem no sistema de cio apresentado por outros mamíferos. Cada um dos dois sistemas parece ter enfatizado ou reduzido um ou mais dos três componentes, isto é, recetividade, proceptividade e atratividade.

Com exceção dos prossímios, as alterações da recetividade induzidas pelas hormonas são mínimas nos primatas (Baum, 1983). É possível que a passagem da recetividade à proceptividade tenha sido imposta pelas exigências de uma vida social. Os resultados das experiências com babuínos mostraram que os comportamentos interactivos diminuem em correspondência com o aumento dos estrogénios circulantes. Parece que, nesta espécie, a proceptividade não só diminui como se inverte em correspondência com níveis elevados de estrogénios circulantes. Parece possível que, numa espécie em que as fêmeas podem ser gravemente feridas pelos machos (Smuts, 1985, 1987), os comportamentos assertivos no momento da fertilidade, e portanto da máxima atratividade, tenham sido selecionados contra. Além disso, a ausência de alterações na recetividade das fêmeas (Bielert, 1986) com o uso restrito da proceptividade sugere que, nesta espécie, a recetividade já tinha sofrido uma redução de importância e já tinha sido substituída pela proceptividade. A redução da proceptividade observada deve, portanto, ser vista como uma adaptação posterior, possivelmente devida ao desenvolvimento da atratividade visual. Um sistema baseado na atratividade é, de facto, mais poderoso em termos de restrição das cópulas na altura da ovulação do que um sistema baseado em alterações comportamentais (proceptividade). Isto pode dever-se ao facto de, no sistema de atração, serem os machos a regular a atividade copulatória, enquanto que, no sistema de proceptividade, são as fêmeas. No caso dos macacos-vervet, parece que foi a atratividade que sofreu uma redução. Este facto é também sugerido por Dixson (1983c). Os macacos-vervet, tal como todos os Cercopithecoidea, devem ter adquirido um atrativo visual, ou seja, alguma forma de elaboração perineal, numa fase da sua evolução, quando se adaptaram a um modo de vida terrestre. O facto de o atrativo visual ser uma adaptação à vida terrestre é demonstrado pelo facto de os macacos do Novo Mundo, que sempre foram arbóreos, terem conservado um atrativo químico. A razão pela qual os macacos-vervet adoptaram um sistema de proceptividade, reduzindo a sua atratividade, e os babuínos desenvolveram um sistema de atratividade, reduzindo a sua proceptividade, é difícil de dizer nesta fase.

REFERÊNCIAS

Abbott, D.H. 1984. Supressão comportamental e fisiológica da fertilidade em macacos saguis subordinados. American Journal of Primatology 6:169186.

Abbott, D.H. 1987. Behaviourally mediated suppression of reproduction in female primates. Journal of Zoology, Londres 213:455-470.

Abbott, D.H., Keverne, E.B., Moore, G.F., e Yodyingyuad, U. 1986. Supressão social da reprodução em macacos subordinados do talapoin, Miopithecus talapoin. In: J.G. Else e P.C. Lee (Eds), Primate Ontogeny, Cognition and Social Behaviour, pp. 329-341, Cambridge University Press, Nova Iorque.

Altmann, S.A. 1967. Discussão do comportamento reprodutivo. In: S.A. Altmann (Ed), Social Communication among Primates, pp. 55-59, University of Chicago Press, Chicago.

Andelman, S.J. 1987. Evolução da ovulação oculta em macacos-vervet (Cercopithecus aethiops). American Naturalist 129:785-799.

Andelman, S.J., Else, J.G., Hearn, J.P., e Hodges, J.K. 1985. The non-invasive monitoring of reproductive events in wild vervet monkeys *(Cercopithecus aethiops)* using urinary pregnanediol-3 a-glucuronide and its correlation with behavioural observations. Journal of Zoology, Londres 205:467-477.

Ankel-Simons, F. 1983. A Survey of Living Primates and their Anatomy. MacMillan, Nova Iorque.

Bailey, 1978. Flehmen in the ring-tailed lemur (*Lemur catta*). Behaviour 65:309-319.

Ball, J., e Hartman, C.G. 1935. Excitabilidade sexual relacionada com o ciclo menstrual no macaco. American Journal of Obstetrics and

Ginecologia 29:117-119.

Baum, M.J. 1983. Hormonal modulation of sexuality in female primates (Modulação hormonal da sexualidade em primatas fêmeas). Bioscience 33:578-582.

Baum, M.J., Everett, B.J., Herbert, J., e Keverne, E.B. 1977. Hormonal basis of proceptivity and receptivity in female primates (Base hormonal da proceptividade e recetividade em primatas). Archives of Sexual Behavior 6:173-192.

Baum, M.J., Slob, A.K., de Jong, F.H., e Westbroek, D.L. 1978. Persistência do comportamento sexual em macacos de cauda de cepo ovariectomizados após tratamento com dexametasona ou adrenalectomia. Hormonas e Comportamento 11:323-347.

Beach, F.A. 1948. Hormones and Behavior, P.B. Hoeber, Nova Iorque.

Beach, F.A. 1976. Sexual attractivity, proceptivity and receptivity in female mammals. Hormones and Behavior 7:105-138.

Bernstein, I.S., e Gordon, T.P. 1979. Comportamento sexual inter e intraespecífico em duas espécies de macacos: Uma possível barreira comportamental ao fluxo genético. Behavioural Processes 4:265-272.

Bielert, 1982. Exames experimentais dos estímulos sexuais do babuíno (Papio ursinus). In: C.T. Snowdon, C.H. Brown, and H.R. Petersen (Eds), Primate Communication, pp. 373-395, Cambridge University Press, Cambridge.

Bielert, C. 1986. Sexual interactions between captive adult male and female chacma baboons as related to the female's menstrual cycle. Journal of Zoology, Londres 209: 521-536.

Bielert, C., e Anderson, C.H. 1985. Inchaços sexuais do babuíno e resposta masculina: Um possível estímulo supernormal operacional de mamíferos e interação de resposta. Jornal Internacional de Primatologia 6:377-393.

Bielert, C., e Busse, C. 1983. Influências das hormonas ováricas na

ingestão de alimentos e alimentação de babuínos chacma (Papio ursinus) fêmeas em cativeiro e selvagens. Fisiologia e Comportamento 30:103-111.

Bielert, C., e Crewe, R. Não publicado. Efeitos do ejaculado masculino e do ciclo menstrual nos ácidos alifáticos de cadeia curta em lavagens vaginais da babuína chacma (Papio ursinus).

Bielert, C., e Girolami, L. 1986. Avaliações experimentais dos componentes comportamentais e anatómicos da atração sexual da fêmea do babuíno chacma (Papio ursinus). Psychoneuroendocrinology 11:75-90.

Bielert, C., e van der Walt, L.A. 1982. Male chacma baboon (Papio ursinus) sexual arousal: mediation by visual cues from female conspecifics. Psychoneuroendocrinology 7:31-48.

Bielert, C., e Howard-Tripp, M.E. 1983. Observations on the behaviour of a chacma baboon (Papio ursinus) in relation to the menstrual cycle (Observações sobre o comportamento de um babuíno chacma (Papio ursinus) em relação ao ciclo menstrual). South African Journal of Science 79:9-10.

Bielert, Howard-Tripp, M.E., e van der Walt, L.A. 1980. Factores ambientais e sociais que influenciam a emissão seminal em babuínos chacma (Papio ursinus). Psychoneuroendocrinology 5:287-303.

Bielert, C., Girolami, L., e Anderson, C.M. 1986. Excitação sexual do babuíno chacma macho (Papio ursinus): Estudos com fêmeas adolescentes como estímulos visuais. Developmental Psychobiology 19:369-383.

Bielert, C., Girolami, L., e Jowell, S. 1989. An experimental examination of the colour component in visually mediated sexual arousal of the male chacma baboon (Papio ursinus). Journal of Zoology, Londres 219:569-579.

Birnberg, C.H., Wexler, D.J., e Gross, M. 1963. Estimativa da fase de ovulação por testes seriados de glicose cervical e vaginal. Obstetrícia e Ginecologia 21:194-200.

Blum, V. 1985. Vertebrate Reproduction, Springer-Verlag, Berlim.

Bonsall, R.W., Zumpe, D., e Michael, R.P. 1978. Menstrual cycle influences on operant behavior of female rhesus monkeys. Journal of Comparative and Physiological Psychology 92:846-855.

Booth, C. 1962. Algumas observações sobre o comportamento dos macacos cercopithecus. Anais da Academia de Ciências de Nova Iorque 102:477-487.

Bowman, L.A., Dilley, S.R., e Keverne, E.B. 1978. Supressão de picos de LH induzidos por estrogénio por subordinação social em macacos talapoin. Nature 275:56-58.

Bramblett, C.A., Pejaver, L.D., e Drickman, D.J. 1975. Reproduction in captive vervet and Syke's monkeys. Journal of Mammalogy 56:940-946.

Butler, H. 1966. Observations on the menstrual cycle of the vervet monkey (Cercopithecus aethiops aethiops) in the Sudan. Folia Primatologica 4:194205.

Carpenter, C.R. 1942. Sexual behavior of free ranging rhesus monkeys (Macaca mulatta). Journal of Comparative Psychology 33:133-162.

Chalmers, N.R., e Rowell, T.E. 1971. Behaviour and female reproductive cycles in a captive group of mangabeys (Comportamento e ciclos reprodutivos femininos num grupo de mangabeys em cativeiro). Folia Primatologica 14:1-14.

Chrousos, G.P., Brandon, D., Renquist, D.M., Tomita, M., Johnson, E., Loriaux, D.L., e Lipsett, M.B. 1984. Uterine estrogen and progesterone receptors in an estrogen- and progesterone- "resistant" primate. Journal of Clinical Endocrinology and Metabolism 58:516-520.

Clark, A.B. 1982. Marcas de cheiro como sinais sociais em Galago crassicaudatus. 1. Sexo e estado reprodutivo como factores nos sinais e respostas. Journal of Chemical Ecology 8:1133-1151.

Cochran, C.G. 1979. Padrões de comportamento proceptivo ao longo do

ciclo menstrual em macacos rhesus fêmeas. Biologia Comportamental e Neural 27:342-353.

Conaway, C.H., e Sorenson, M.W. 1966. Reproduction in tree shrews. In: I.W. Rowlands (Ed), Comparative Biology of Reproduction in Mammals, pp. 471-492, Academic Press, Londres.

Curtis, R.F., Ballantine, J.A., Keverne, E.B., Bonsall, R.W., e Michael, R.P. 1971. Identificação de feromonas sexuais de primatas e propriedades de atractivos sintéticos. Nature 232:396-398.

Czaja, J.A., e Bielert, C. 1975. Comportamento sexual do rhesus feminino e distância de um parceiro masculino: relação com o estágio do ciclo menstrual. Archives of Sexual Behavior 4:583-597.

Dahl, J.F. 1985. The external genitalia of pygmy chimpanzees. The Anatomical Record 211:24-28.

Darwin, C. 1876. Sexual selection in relation to monkeys. Nature, Londres 15:18-19.

Dessi-Fulgheri, F., Dahlof, L.-G., Larsson, K., Lupo Di Prisco, C., e Tozzi, S. 1980. Anosmia afeta diferentemente o padrão hormonal reprodutivo em ratos machos sexualmente experientes e inexperientes. Physiology and Behavior 24:607-611.

Dewsbury, D.A. 1979. Descrição do comportamento sexual na investigação das interações hormona-comportamento. In: C. Beyer (Ed), Endocrine Control of Sexual Behavior, pp. 3-32, Raven Press, Nova Iorque.

Dixson, A.F. 1977. Observations on the displays, menstrual cycles and sexual behaviour of the "black Ape" of Celebes *(Macaca nigra)*. Journal of Zoology, Londres 182:63-84.

Dixson, A.F. 1978. Efeitos da ovariectomia e da terapia de substituição de estradiol sobre o comportamento sexual e agressivo do galago maior

(Galago crassicaudatus crassicaudatus). Hormonas e Comportamento 10:6170.

Dixson, A.F. 1983a. The hormonal control of sexual behaviour in primates. Oxford Reviews of Reproductive Biology 5:131-219.

Dixson, A.F. 1983b. The owl monkey (Aotus trivirgatus) In: J.P. Hearn (Ed), Reproduction in New World Primates, pp. 71-113, M.T.P. Press, Lancaster.

Dixson, A.F. 1983c. Observations on the evolution and behavioral significance of "Sexual Skin" in female primates. Advances in the Study of Behavior 13:63-106.

Dixson, A.F. 1986. Exibições proceptivas da fêmea do saguim comum *(Callithrix jacchus):* Efeitos da ovariectomia e do estradiol 17B. Physiology and Behavior 36:971-973.

Dixson, A.F., Everitt, B.J., Herbert, J., Rugman, S.M., e Scruton, D.M. 1973. Hormonal and other determinants of sexual attractiveness and receptivity in rhesus and talapoin monkeys. In. C.H. Phoenix (Ed), Symposia of the IVth International Congress of Primatology, Volume 2. Primate Reproductive Behaviour, pp. 37-64, Karger, Basel.

Doyle, G.A., Pelletier, A., e Bekker, T. 1967. Cortejo, acasalamento e parturição no bebé do mato (*Galago senegalensis moholi*) em condições semi-naturais. Folia Primatologica 7.169-197.

D'Souza, F. 1978. The detection of oestrus. Symposia of the Zoological Society of London 43.175-193.

Dugmore, S.J., Bailey, K., e Evans, C.S. 1984. Discriminação pelos lémures de cauda anelada machos (*Lemur catta*) entre as marcas de cheiro dos machos e as das fêmeas. International Journal of Primatology 5.235-245.

Du Toit, D.S. 1956. Excreção urinária de pregnanediol no babuíno

(Papio ursinus). Jornal Sul Africano de Ciências Médicas 21:47-48.

Eaton, G.G. 1973. Determinantes sociais e endócrinos do comportamento sexual em fêmeas de símios e prossímios. In: C.H. Phoenix (Ed), Symposia of the IVth International Congress of Primatology, Volume 2: Primate Reproductive Behaviour, pp. 21-35, Karger, Basel.

Eaton, G.G., e Resko, J.A. 1974. Hormonas ováricas e comportamento sexual em Macaca nemestrina. Journal of Comparative and Physiological Psychology 86:919-925.

Eaton, G.G., Slob, A., e Resko, J.A. 1973. Ciclos de comportamento de acasalamento, estrogénios e progesterona no bushbaby de cauda grossa (Galago crassicaudatus crassicaudatus) em condições laboratoriais. Animal Behaviour 21:309-315.

Eibl-Eibelsfeldt, I. 1975. Ethology: The Biology of Behaviour, Holt, Rinehart and Winston, Nova Iorque.

Else, J.G., Eley, R.M., Wangula, C., Worthman, C., e Lequin, R.M. 1986. Reprodução no macaco vervet (Cercopithecus aethiops): II. Padrões menstruais anuais e sazonalidade. American Journal of Primatology 11:333-342.

Emory, G.R., Harris, S.J., e Payne, R.G. 1980. Sexual solicitation by females in long-tailed macaques (Macaca fascicularis). Biology of Behaviour 5:249-252.

Enomoto, T., Seiki, K., e Haruki, Y. 1979. On the correlation between sexual behavior and ovarian hormone level during the menstrual cycle in captive Japanese monkeys. Primates 20: 563-570.

Epple, G. 1974. Comunicação olfactiva em primatas sul-americanos. Anais da Academia de Ciências de Nova Iorque 237:261-278.

Epple, G. 1976. Comunicação química e processos reprodutivos em

primatas não-humanos. In: R.L. Doty (Ed), Mammalian Olfaction, Reproductive Processes, and Behavior, pp. 257-282, Academic Press, New York.

Erikson, L.B. 1967. Relationship of sexual receptivity to menstrual cycles in adult rhesus monkeys. Nature 216:299-301.

Evans, C.S., e Goy, R.W. 1968. Social behaviour and reproductive cycles in captive ring-tailed lemurs (Lemur catta). Journal of Zoology, Londres 156:181-197.

Everitt, B.J., e Herbert, J. 1969. The role of ovarian hormones in the sexual preference of rhesus monkeys. Animal Behaviour 17:738-746.

Everitt, B.J., e Herbert, J. 1971. The effects of dexamethasone and androgens on sexual receptivity female rhesus monkeys. Journal of Endocrinology 51:575-588.

Feder, H.H. 1984. Hormonas e comportamento sexual. Revisão Anual de Psicologia 35:165-200.

Floody, O.R. 1983. Hormonas e agressão nas fêmeas de mamíferos. In: B.B. Svare (Ed), Hormones and Aggressive Behaviour, pp. 39-89. Plenum Press, Nova Iorque.

Fossey, D. 1983. Gorillas in the Mist. Houghton Mifflin, Boston.

Fox, G.J. 1982. Potenciais de feromonas em ácidos gordos vaginais de chimpanzés. Folia Primatologica 37:255-266.

French, J.A., Abbott, D.H., e Snowdon, C.T. 1984. The effect of social environment on estrogen excretion, scent marking and sociosexual behavior in tamarins (Saguinus oedipus). American Journal of Primatology 6:155-167.

Gartlan, J.S. 1969. Comportamento sexual e maternal do macaco vervet,

Cercopithecus aethiops. Journal of Reproduction and Fertility, Suplemento 6:137-150.

Gilbert, C., e Gillman, J. 1956. The changing pattern of food intake and appetite during the menstrual cycle of the baboon (Papio ursinus) with a consideration of some of the controlling endocrine function. South African Journal of Medical Science 21:75-88.

Gillman, J. 1937. As alterações cíclicas no esfregaço vaginal do babuíno e a sua relação com o inchaço perineal. South African Journal of Medical Science 2:44-56.

Gillman, J., e Gilbert, C. 1946. The reproductive cycle of the chacma baboon (Papio ursinus) with special reference to the problems of menstrual irregularities as assessed by the behaviour of the sex skin. South African Journal of Medical Science: Biological Supplement 11:1-5.

Girolami, L. 1985. Steroid hormone influences on the mating behavior of vervet monkeys (Cercopithecus aethiops). Hormones and Behavior 19:113.

Girolami, L., e Bielert, C. 1987. Inchaço perineal feminino e seus efeitos sobre a excitação sexual masculina: um aparente libertador sexual no babuíno chacma (Papio ursinus). Jornal Internacional de Primatologia 8:651-661.

Goldfoot, D.A. 1971. Determinantes hormonais e sociais do comportamento sexual no macaco pigtail (Macaca nemestrina). In: G.B.A. Stoelinga e J.J. van der Werff ten Bosch (Eds), Normal and Abnormal Development of Brain and Behaviour, pp. 325-341, University of Leiden Press, Leiden.

Goldfoot, D.A. 1981. Olfação, comportamento sexual e a hipótese da feromona em macacos rhesus: Uma crítica. American Zoologist 21:153-164.

Goldfoot, D.A. 1982. Multiple channels of sexual communication in rhesus monkeys: role of olfactory cues. In: C.T. Snowdon, C.H. Brown e M.R. Petersen (Eds), Primate Communication, pp. 413-428, Cambridge

University Press, Cambridge.

Goldfoot, D.A., Kravetz, M.A., Goy, R.W., e Freeman, S.K. 1976. Ausência de efeito de lavagens vaginais e ácidos alifáticos nas respostas ejaculatórias em macacos rhesus: Análises comportamentais e químicas. Hormonas e Comportamento 7:1-27.

Goodhart, C.B. 1964. A biological view of toplessness. New Scientist 407:54-56.

Gordon, T.P. 1981. Comportamento reprodutivo no macaco rhesus: Variáveis sociais e endócrinas. American Zoologist 21:185-195.

Goy, E.W., e Resko, J.A. 1972. Gonadal hormones and behavior of normal and pseudohermaphroditic nonhuman female primates. Recent Progress in Hormone Research 28:707-733.

Hall, K.R.L. 1962. The sexual, agonistic and derived social behaviour patterns of the wild chacma baboon, Papio ursinus. Actas da Sociedade Zoológica de Londres 139:283-327.

Hall, K.R.L., e DeVore, I. 1965. Baboon social behavior. In: I. DeVore (Ed), Primate Behavior: Field Studies of Monkeys and Apes, pp. 20-52, Holt, Rinehart and Winston, Nova Iorque.

Hamilton, W.J., e Arrowood, P.C. 1978. Copulatory vocalisations of chacma baboons (Papio ursinus), gibbons (Hylobates hoolock), and humans. Science 200: 1405-1409.

Hanby, J.P., Robertson, L.T., e Phoenix, C.H. 1971. O comportamento sexual de um grupo confinado de macacos japoneses. Folia Primatologica 16:123-143.

Harcourt, A.H. 1987. Dominance and fertility among female primates. Journal of Zoology, Londres 213:471-487.

Hausfater, G. 1975. Dominância e reprodução em babuínos (Papio cynocephalus): A Quantitative Analysis, Karger, Basel.

Hausfater, G., e Skoblick, B. 1985. Mudanças de comportamento perimenstrual entre babuínos amarelos fêmeas: Algumas semelhanças com a síndrome pré-menstrual (P.M.S.) nas mulheres. American Journal of Primatology 9:165-172.

Hausfater, G., e Takacs, D. 1987. Estrutura e função das apresentações do quarto traseiro em babuínos amarelos (Papio cynocephalus). Ethology 74:197319.

Hendrickx, A.G. 1967. O ciclo menstrual do babuíno determinado pelo esfregaço vaginal, biópsia vaginal e inchaço perineal. In: H. Vagtborg (Ed), The Baboon in Medical Research, Vol. 2, pp. 437-460, University of Texas Press, Austin.

Henzi, S.P. 1982. Some Aspects of Visual Signalling and Social Organisation in the Vervet Monkey (Cercopithecus aethiops pygerythrus). Tese de doutoramento não publicada, Universidade do Natal, Durban.

Herbert, J. 1968. Sexual preference in the rhesus monkey Macaca mulatta in the laboratory. Animal Behaviour 16:120-128.

Herbert, J. 1970. Hormones and reproductive behaviour in rhesus and talapoin monkeys. Journal of Reproduction and Fertility, Suplemento 11:119-140.

Hess, D.L., Hendrickx, A.G., e Stabenfeldt, G.H. 1979. Padrões reprodutivos e hormonais do macaco verde africano (Cercopithecus aethiops). Jornal de Primatologia Médica 8:273-281.

Hess, J.P. 1973. Some observations on the sexual behaviour of captive lowland gorillas, Gorilla g. gorilla (Savage and Wyman). In: R.P. Michael e J.H. Crook (Eds), Conservative Ecology and Behaviour of Primates, pp. 507-581, Academic Press, Londres.

Heymer, A. 1977. Dicionário Etológico, Paul Parey, Berlim.

Hill, W.C.O. 1966. Primates. VI. Comparative Anatomy and Taxonomy, Edinburgh University Press, Edimburgo.

Hodges, J.K. 1987. The ovarian cycle and control of ovulation. Journal of Zoology, Londres 213:383-393.

Howard-Tripp, M.E., e Bielert, C. 1978. Social contact influences on the menstrual cycle of the female chacma baboon (Papio ursinus). Journal of the South African Veterinary Association 49:191-192.

Hrdy, S. Blaffer, e Whitten, P.L. 1987. Patterning of sexual activity. In: B.B. Smuts, D.L. Cheney, R.H. Seyfarth, R.W. Wrangham e T.T. Struhsaker (Eds), Primate Societies, pp. 370-384, University of Chicago Press, Chicago.

Izard, M.K., e Rasmussen, D.T. 1985. Reproduction in the slender loris (Loris tardigradus malabaricus). American Journal of Primatology 8:153165.

Johnson, D.F., e Phoenix, C.H. 1976. Hormonal control of female sexual attractiveness, proceptivity, and receptivity in rhesus monkeys. Journal of Comparative and Physiological Psychology 90:473-483.

Johnson, D.F., e Phoenix, C.H. 1978. Comportamento sexual e níveis hormonais durante os ciclos menstruais de macacos rhesus. Hormones and Behavior 11:160-174.

Jolly, A. 1966. Lemur Behavior: A Madagascar Field Study, University of Chicago Press, Chicago.

Jones, C.B. 1985. Reproductive patterns in mantled howler monkeys: Estrus, escolha do parceiro e cópula. Primates 26:130-142.

Kato, J., Onouchi, T., e Oshima, K. 1980. A presença de receptores de progesterona na pele sexual do macaco. Steroids 36:743-749.

Keddy, A.C. 1986. Female mate choice in vervet monkeys (Cercopithecus aethiops sabaeus). American Journal of Primatology 10:125-134.

Kendrick, K.M., e Dixson, A.F. 1983. The effect of the ovarian cycle on the sexual behaviour of the common marmoset (Callathrix jacchus). Physiology and Behaviour 30:135-742.

Kendrick, K.M., e Dixson, A.F. 1985. Effects of oestradiol 17B, progesterone and testosterone upon proceptivity and receptivity in ovariectomized common marmosets (Callithrix jacchus). Physiology and Behavior 34:123-128.

Keverne, E.B. 1982. Olfaction and the reproductive behavior of nonhuman primates. In: C.T. Snowdon, C.H. Brown e H.R. Petersen (Eds), Primate Communication, pp. 396-412, Cambridge University Press, Cambridge.

Keverne, E.B. 1983. Comunicação química na reprodução de primatas. In: J.G. Vandenbergh (Ed), Pheromones and Reproduction in Mammals, pp. 79-92, Academic Press, New York.

Keverne, E.B., Meller, R.E., e Eberhart, J.A. 1982. Dominância e subordinação: conceitos ou estados fisiológicos? In: A.B. Chiarelli, and R.S. Corruccini (Eds), Advanced Views in Primate Biology, pp. 81-94, Springer-Verlag, New York.

Krohn, P.L., e Zuckerman, S. 1937. Water metabolism in relation to the menstrual cycle (Metabolismo da água em relação ao ciclo menstrual). Journal of Physiology (Londres) 88:369-387.

Kuster, J., e Paul, A. 1984. Female reproductive characteristics in semifree-ranging barbary macaques (Macaca sylvanus L. 1758). Folia Primatologica 43:69-83.

Lancaster, J.B. 1971. Play-mothering: the relations between juvenile females and young infants among free-ranging vervet monkeys (Cercopithecus aethiops). Folia Primatologica 15:161-182.

Lindburg, D.G. 1983. Comportamento de acasalamento e cio no macaco rhesus indiano. In: P.K. Seth (Ed), Perspectives in Primate Biology, pp. 45-61, Today and Tomorrow's Printers and Publishers, Nova Deli.

Lindberg, D.G., Shideler, S., e Fitch, H. 1985. Sexual behavior in relation to time of ovulation in the lion-tailed macaque. In: P.G. Heltne (Ed), The Lion-tailed Macaque: Status and Conservation, pp. 131-148, Alan R. Liss, Nova Iorque.

Linnankoski, I., Hytonen, Y., Leinonen, L., e Hyvarinen, J. 1981. Determinantes do comportamento sexual de Macaca arctoides numa colónia de laboratório. Archives of Sexual Behavior 10:207-222.

Linnankoski, e Leinonen, L.M. 1985. Compatibilidade do comportamento sexual masculino e feminino em Macaca arctoides. Zeitschrift fur Tierpsychologie 70:115-122.

Lipschitz, D.L. 1988. Factores endócrinos que determinam o comportamento de acasalamento das fêmeas de Galago *senegalensis moholi*. Tese de Mestrado, Universidade de Witwatersrand.

Lisk, R.D. 1978. A regulação do "calor" sexual. In: J.B. Hutchison (Ed), Biological Determinants of Sexual Behaviour, pp. 425-466, Wiley, Chichester.

Loy, J. 1971. Estrus behavior of free-ranging rhesus monkeys (*Macaca mulatta*). Primates 12:1-31.

Luttge, W.G. 1971. O papel das hormonas gonadais no comportamento sexual do macaco rhesus e do ser humano: A literature survey. Archives of Sexual Behavior 1:61-88.

McClellan, M., West, N.B., e Brenner, R.M. 1986. Immunocytochemical localisation of estrogen receptors in the macaque endometrium during the luteal-follicular transition. Endocrinology 119:2467-2475.

McClellan, M., West, N.B., Tacha, D.E., Greene, G.L., e Brenner, R.M. 1984. Localização imunocitoquímica de receptores de estrogénio no trato reprodutor do macaco com antiestrofilinas monoclonais. Endocrinology 114:2002-2014.

McFarland, D. (Ed) 1981. The Oxford Companion to Animal Behaviour, Oxford University Press, Oxford.

McFarland, D. 1985. Animal Behaviour: Psychobiology, Ethology and Evolution, Pitman, Londres.

Michael, R.P., e Bonsall, R.W. 1979. Hormonas e o comportamento sexual dos macacos rhesus. Em: C. Beyer (Ed), Endocrine Control of Sexual Behavior, pp. 279-302, Raven Press, Nova Iorque.

Michael, R.P., e Keverne, E.B. 1968. Pheromones in the communication of sexual status in primates. Nature 218:746-749.

Michael, R.P., e Keverne, E.B. 1970. Feromonas sexuais de primatas´de origem vaginal. Nature 225:84-85.

Michael, R.P., e Zumpe, D. 1982. Influence of olfactory signals on the reproductive behaviour of social groups of rhesus monkeys (Macaca mulatta). Journal of Endocrinology 95:189-205.

Michael, R.P., Bonsall, R.W., e Warner, P. 1974. Human vaginal secretions: volatile fatty acid content. Ciência 186:1217-1219.

Michael, R.P., Herbert, J., e Welegalla, J. 1967. As hormonas ováricas e o comportamento sexual do macaco rhesus macho (Macaca mulatta) em condições laboratoriais. Journal of Endocrinology 39:81-98.

Michael, R.P., Keverne, E.B., e Bonsall, R.W. 1971. Feromonas: Isolamento de atractivos sexuais masculinos de um primata fêmea. Science 172:964966.

Michael, R.P., Zumpe, D., e Bonsall, R.W. 1982. Behavior of rhesus monkeys during artificial menstrual cycles (Comportamento de macacos rhesus durante ciclos menstruais artificiais). Journal of Comparative and Physiological Psychology 96:875-885.

Milton, K. 1985. Padrões de acasalamento de macacos-aranha-lanudos, Brachyteles arachnoides: Implications for female choice. Behavioral Ecology and Sociobiology 17:53-59.

Mitchell, W.R., Lindburg, D.G., Shideler, S.E., Presley, S., e Lasley, B.L. 1985. Sexual behavior and urinary ovarian hormone concentrations during the lowland gorilla menstrual cycle (Comportamento sexual e concentrações de hormonas ováricas urinárias durante o ciclo menstrual do gorila das planícies). International Journal of Primatology 6:161-171.

Morris, D. 1967. The Naked Ape, Jonathan Cape, Londres.

Murray, R.D., Bour, E.S., e Smith, E.O. 1985. Female menstrual cyclicity and sexual behavior in stumptail macaques (Macaca arctoides). International Journal of Primatology 6:101-113.

Nadler, R.D. 1975. Sexual cyclicity in captive lowland gorillas. Science 189:813-814.

Nadler, R.D. 1977. Sexual behavior of captive orangutans (Comportamento sexual de orangotangos em cativeiro). Archives of Sexual Behavior 6:457-475.

Nadler, R.D. 1982. Laboratory research on sexual behavior and reproduction of gorillas and orang-utans (Pesquisa laboratorial sobre comportamento sexual e reprodução de gorilas e orangotangos). American Journal of Primatology, Suplemento 1:57-66.

Nadler, R.D., e Miller, L.C. 1982. Influence of male aggression on mating of gorillas in the laboratory (Influência da agressão masculina no acasalamento de gorilas em laboratório). Folia Primatologica 38:233-239.

Nadler, R.D., Collins, D.C., Miller, L.C., e Graham, C.E. 1983. Menstrual cycle patterns of hormones and sexual behavior in gorillas. Hormones and Behavior 17:1-17.

Nadler, R.D., Graham, C.E., Gosselin, R.E., e Collins, D.C. 1985. Serum levels of gonadatropins and gonadal steroids, including testosterone, during the menstrual cycle of the chimpanzee (Pan troglodytes). American Journal of Primatology 9:273-284.

Nieuwenhuijsen, K., de Neef, K.J., e Slob, A.K. 1986. Sexual behaviour during ovarian cycles, pregnancy and lactation in group-living stumptail macaques (Macaca arctoides). Human Reproduction 1:159-169.

Noll, P.B., Coelho, A.M. Jr. e Bramblett, C.A. 1982. The effects of sexual status on threat, attack, and subordinate behaviors of papio monkeys. Archives of Sexual Behavior 2:65-72.

Onouchi, T., e Kato, J. 1983. Receptores de estrogénio e receptores de progestina induzíveis por estrogénio na pele sexual do macaco. Journal of Steroid Biochemistry 18:145-151.

Ozasa, H., e Gould, K.G. 1982. Demonstração e caraterização do recetor de estrogénio na pele sexual do chimpanzé: Correlação entre os níveis de receptores nucleares e o grau de inchaço. Endocrinologia 111:125-131.

Pocock, R.I. 1906. Notes upon menstruation, gestation, and partition of some monkeys that have lived in the society's gardens. Actas da Sociedade Zoológica de Londres 2:558-570.

Pomerantz, S.M., e Goy, R.W. 1983. Comportamento proceptivo de macacos rhesus fêmeas durante testes com machos amarrados. Hormones and Behavior 17:237-248.

Potgieter, H.C., Spies, J.H., Klein, T., Thierry, H., e van der Watt, J.J. 1985. Receptores de estrogénio e progesterona no útero do macaco vervet. Journal of Recetor Research 5:193-218.

Ransom, T.W. 1981. Beach Troop of the Gombe, Associated University Presses, East Brunswick, New York.

Rasmussen, K.L.R. 1985. Changes in the activity budgets of yellow baboons (Papio cynocephalus) during sexual courtships. Behavioral Ecology and Sociobiology 17:161-170.

Richard, A. 1974. Padrões de acasalamento em Propithecus verrauxi verrauxi. In:

R.D. Martin, G.A. Doyle, and A.C. Walker (Eds), Prosimian Biology, pp. 49-74, Duckworth, London.

Rowell, T.E. 1967. Female reproductive cycles and the behavior of baboons and rhesus macaques. In: S.A. Altmann (Ed), Social Communication among Primates, pp. 15-52, University of Chicago Press, Chicago.

Rowell, T.E. 1969. Intra-sexual behaviour and female reproductive cycles of baboons (Papio anubis). Animal Behaviour 17:159-167.

Rowell, T.E. 1970. Ciclos reprodutivos de dois macacos Cercopithecus. Journal of Reproduction and Fertility 22:321-338.

Rowell, T.E. 1971. Organização de grupos de macacos Cercopithecus em gaiolas. Animal Behaviour 19:625-645.

Rowell, T.E. 1972. Ciclos de reprodução feminina e comportamento social em primatas. Advances in the Study of Behavior 4:69-105.

Rowell, T.E., e Hartwell, K.M. 1978. The interaction of behavior and reproductive cycles in patas monkeys. Behavioral Biology 24:141-167.

Rowlands, L.W., e Weir, B.J. 1984. Mamíferos: Eutherians não-primatas.
In: G.E. Lemming (Ed), Marshall's Physiology of Reproduction Vol. 1: Reproductive Cycles of Vertebrates, Fourth Edition, pp. 455-658, Churchill Livingstone, Edinburgh.

Saayman, G.S. 1970. The menstrual cycle and sexual behaviour in a troop of free-ranging chacma baboons (Papio ursinus). Folia Primatologica

12:81-110.

Saayman, G.S. 1973. Efeitos das hormonas ováricas na pele e no comportamento sexual de babuínos ovariectomizados (Papio ursinus) em condições de liberdade. In: C.H. Phoenix (Ed), Symposia of the IVth International Congress of Primatology, Vol. 2: Primate Reproductive Behaviour, pp. 6498, Karger, Basel.

Schilling, A. 1979. Comunicação olfactiva nos prossímios. In: G.A. Doyle, and R.D. Martin (Eds), The Study of Prosimian Behavior, pp. 461542, Academic Press, New York.

Scott, L.M. 1984. Reproductive behavior of adolescent female baboons (Papio anubis) in Kenya. In: M.F. Small (Ed), Female Primates: Studies by Women Primatologists, pp. 77-100, Alan R. Liss, Nova Iorque.

Seyfarth, R.M. 1977. Um modelo de aliciamento social entre macacos fêmeas adultas. Journal of Theoretical Biology 65:671-698.

Seyfarth. R.M. 1978a. Social relationships among adult male and female baboons I. Behaviour during sexual consortship. Behaviour 64:204-226.

Seyfarth, R.M. 1978b. Relações sociais entre babuínos adultos machos e fêmeas. II. Comportamento durante o ciclo reprodutivo da fêmea. Behaviour 64:227-247.

Seyfarth, R.M. 1980. The distribution of grooming and related behaviours among adult female vervet monkeys. Animal Behaviour 28:798-813.

Shaikh, A.A., Celaya, C.L., Gomez, I., e Shaikh, S.A. 1982. Temporal relationship of hormonal peaks to ovulation and sex skin deturgescence in the baboon. Primates 23:444-452.

Shideler, S.E., Lindburg, D.G., e Lasley, B.L. 1983. Estrogen-behavior correlates in the reproductive physiology and behavior in the ruffed lemur (Lemur variegatus). Hormonas e Comportamento 17:249-263.

Siegel, S. 1956. Nonparametric Statistics for the Behavioural Sciences, McGraw-Hill, Tóquio.

Smuts, B.B. 1985. Sex and Friendship in Baboons, Aldine, Nova Iorque.

Smuts, B.B. 1987. Género, agressão e influência. In: B.B. Smuts, D.L. Cheney, R.M Seyfarth, R.W. Wrangham, and T.T. Struhsaker (Eds), Primate Societies, pp. 400-412, University of Chicago Press, Chicago.

Slob, A.K., Wiegand, S.J., Goy, R.W., e Robinson, J.A. 1978. Heterosexual interactions in laboratory-housed stumptail macaques (Macaca arctoides): observations during the menstrual cycle and after ovariectomy. Hormones and Behavior 10:193-211.

Stevens, V.C., Sparks, S.J., e Powell, J.E. 1970. Levels of estrogens, progesterone and luteinising hormone during the menstrual cycle of the baboon. Endocrinology 87:658-

666.

Struhsaker, T.T. 1967a. Behavior of vervet monkeys (Cercopithecus aethiops). Publicações da Universidade da Califórnia em Zoologia 82:1-74.

Struhsaker, T.T. 1967b. Social structure among vervet monkeys (Cercopithecus aethiops). Behaviour 29:83-121.

Struhsaker, T.T., e Leyland, L. 1979. Socioecologia de cinco espécies simpátricas de macacos na floresta de Kibale, Uganda. Advances in the Study of Behavior 9:159-228.

Trimble, M.R., e Herbert, J. 1968. The effect of testosterone or oestradiol upon the sexual and associated behaviour of the adult female rhesus monkey. Journal of Endocrinology 42:171-185.

van Horn, R.N., e Eaton, G. 1979. Fisiologia e comportamento reprodutivo em prossímios. In: G.A. Doyle, and R.D. Martin (Eds), The Study of Prosimian Behavior, pp. 79-122, Academic Press, New York.

van Horn, R.N., e Resko, J.A. 1977. O ciclo reprodutivo do lémure-de-cauda-anelada (Lemur catta): Sex steroid levels and sexual receptivity under controlled photoperiods. Endocrinology 101:1579-1586.

van Noordwijk, M.A. 1985. Sexual behaviour of Sumatran long-tailed macaques (Macaca fascicularis). Zeitschrift fur Tierpsychologie 70:277296.

Wallen, K. 1982. Influence of female hormonal state on rhesus sexual behavior varies with space for social interaction. Ciência 217:375-377.

Wallen, K., e Goy, R.W. 1977. Efeitos do benzoato de estradiol, estrona e propionatos de testosterona ou dihidrotestosterona nos comportamentos sexuais e relacionados de macacos rhesus ovariectomizados. Hormones and Behavior 9:228-248.

Wallen, K., e Winston, L.A. 1984. Complexidade social e influências hormonais no comportamento sexual em macacos rhesus (Macaca mulatta). Physiology and Behavior 32:629-637.

Wallen, K., Winston, L.A., Gaventa, S., Davis-DaSilva, M., e Collins, D.C. 1984. Periovulatory changes in female sexual behavior and patterns of ovarian steroid secretion in group-living rhesus monkeys. Hormones and Behavior 18:431-450.

Wallis, J. 1982. Sexual behavior of captive chimpanzees (Pan troglodytes): Fêmeas grávidas versus fêmeas ciclistas. American Journal of Primatology 3:7788.

Wasser, S.K., e Starling, A.K. 1986. Competição reprodutiva entre babuínos amarelos fêmeas. In: J.G. Else e P.C. Lee (Eds), Primate Ontogeny, Cognition and Social Behaviour, Proceedings of the 10th Congress of the Primatological Society, Vol. 3, pp. 343-354, Cambridge University Press, Cambridge.

Weaker, F.J., Herbert, D.C., e Sheridan, P.J. 1983. Demonstração autoradiográfica de locais de ligação para estradiol e dihidrotestosterona no trato urinário de babuínos machos e fêmeas. Urological Research 11:127-130.

West, N.B., e Brenner, R.M. 1983. Estrogen recetor levels in the oviducts and endometria of cynomolgus macaques during the menstrual cycle. Biology of Reproduction 29:1303-1312.

Whitten, P.L. 1984. Competição entre fêmeas de macacos vervet. In: M. Small (Ed), Female Primates: Studies by Women Primatologists, pp. 127140, Alan R. Liss, Nova Iorque.

Wickler, W. 1967. Socio-sexual signals and their intra-specific imitation among primates. In: D. Morris (Ed), Primate Ethology, pp. 69-147, Weidenfeld and Nicholson, Londres.

Wolfe, L.D. 1984. Comportamento sexual feminino do macaco japonês: A comparison of Arashiyama East and West. In: M. Small (Ed), Female Primates: Studies by Women Primatologists, pp. 141-157, Alan R. Liss, Nova Iorque.

Wrangham, R.W. 1981. Competição de bebida em macacos vervet. Animal Behaviour 29:904-910.

Wrangham, R.W., e Waterman, P.G. 1981. Feeding behaviour of vervet monkeys on Acacia tortilis and Acacia xanthophloea: with special reference to reproductive strategies and tannin production. Journal of Animal Ecology 50:715-731.

Yerkes, R.M. 1939. Sexual behavior in the chimpanzee (Comportamento sexual no chimpanzé). Human Biology 11:78-111.

Young, W.C., e Orbison, W.D. 1944. Changes in selected features of behavior in pairs of oppositely sexed chimpanzees during the sexual cycle and after ovariectomy. Journal of Comparative Psychology 37:107-143.

Zumpe, D., e Michael, R.P. 1968. The clutching reaction and orgasm in the female rhesus monkey (Macaca mulatta). Journal of Endocrinology 40:117-123.

Zumpe, D., e Michael, R.P. 1970. Hormonas ováricas e convites sexuais femininos em macacos rhesus em cativeiro (Macaca mulatta). Animal Behaviour 18:293-301.

Zumpe, D., e Michael, R.P. 1983. A comparison of the behavior of (Macaca fascicularis) and (Macaca mulatta) in relation to the menstrual cycle. American Journal of Primatology 4:55-72.

Zumpe, D., e Michael, R.P. 1985a. Male competition between female rhesus monkeys. Naturwissenschaften 72:382-384.

Zumpe, D., e Michael, R.P. 1985b. Effects of ovarian hormones on the behavior of Macaca fascicularis. American Journal of Primatology 8:167181.

Zumpe, D., Bonsall, R., e Michael, R.P. 1983. Behavior of rhesus monkeys during 28-day cycles of estrogen treatment (Comportamento de macacos rhesus durante ciclos de 28 dias de tratamento com estrogénio). Behavioral Neuroscience 97:615-623.

MIX
Papier aus verantwortungsvollen Quellen
Paper from responsible sources
FSC® C105338

Printed by Books on Demand GmbH, Norderstedt / Germany